中国管理会计理论研究丛书

主编 胡玉明　副主编 刘运国

U0802586

Industrial Characteristic, Knowledge Externality and Corporate Independent Innovation

An Empirical Study Basing on Market Structure Elements and Intra-Industrial Patent Competition

行业特征、知识外部性与企业自主创新

——基于市场结构因素与行业内专利竞赛的实证研究

周　茜　著

国家自然科学基金重点项目
“中国企业管理会计理论与方法研究”（71032006）
资　助

科学出版社
北　京

内 容 简 介

本书从行业之间和行业内部两个层面，分析企业研究与开发投资行为、企业专利行为的影响因素。首先，运用知识外部性理论、产业组织理论、犯罪学理论，基于行业特征中的市场结构因素，构建行业知识产权风险体系，并用实证检验行业知识产权风险对企业研究与开发投资行为、企业专利行为的影响。其次，运用专利竞赛理论，从行业内部层面，分析行业内不同企业之间创新投资与专利策略的互动，并比较不同行业创新互动的异质性。最后，基于研究结论，从行业监管、企业风险管理和动态创新管理的角度提出相关的政策与建议。

本书可供产业经济学、创新管理等相关领域读者阅读，也可供相关决策部门、科研院所的研究人员及普通高等学校经济管理类或社科类师生参考。

图书在版编目（CIP）数据

行业特征、知识外部性与企业自主创新：基于市场结构因素与行业内专利竞赛的实证研究/周茜著. —北京：科学出版社，2017.12

（中国管理会计理论研究丛书/胡玉明主编）

ISBN 978-7-03-054640-1

Ⅰ. ①行… Ⅱ. ①周… Ⅲ. ①上市公司–企业管理–市场结构–研究–中国 ②上市公司–企业管理–专利–竞赛–研究–中国 Ⅳ. ①G306 ②F279.246

中国版本图书馆 CIP 数据核字（2017）第 240654 号

责任编辑：李 莉 / 责任校对：王 瑞
责任印制：吴兆东 / 封面设计：无极书装

科学出版社出版
北京东黄城根北街 16 号
邮政编码：100717
http://www.sciencep.com

北京厚诚则铭印刷科技有限公司 印刷

科学出版社发行 各地新华书店经销

*

2017 年 12 月第 一 版 开本：720 × 1000 1/16
2019 年 1 月第二次印刷 印张：8 3/4
字数：180 000

定价：62.00 元

（如有印装质量问题，我社负责调换）

总　序

学过会计学的人，基本都知道会计学强调“实质重于形式”（substance over form）。尽管中国曾经没有“管理会计”（management accounting）这个概念，但并不意味着没有管理会计的理论研究与实践。基于这种认识，1949 年之后管理会计的理论研究与实践还是呈现出“丰富多彩”的“景象”。

从 20 世纪 70 年代末期开始，适应中国的改革开放形势，中国会计学界以极大的热情，大量引进、消化和吸收源于西方国家的管理会计理论与方法。纵观中国近四十年来的管理会计发展历程，我们曾经“亦步亦趋”地跟踪、引进、消化并实践源于西方国家的管理会计理论与方法，始终没有完全摆脱“唐僧取经”式的理论研究。惭愧的是，我本人甚至也曾经加入了“唐僧取经”的历程，积极推演源于西方国家的作业成本法/作业管理和平衡计分卡等管理会计理念。客观地说，经过近四十年的不懈努力，中国管理会计理论研究已经取得一定的成效，但总体而言，中国现有的管理会计理论研究与国际同行相比，还存在较大差距，而且难以解决或指导中国丰富多彩的管理会计实践。

随着中国市场经济的发展和商业模式的创新，中国企业的管理会计问题就是世界性的主题。以前谈及国际化，其主线总是如何学习源于西方国家的管理会计理论与方法，“洋为中用”。 现在，我们需要努力把最有代表性、最能够彰显中国特色的管理会计理论与实践经验提炼出来，通过在国际主流学术期刊发表高水平的研究成果，融入世界知识主流，创建彰显中国特色又融入世界知识主流的“管理会计理论学派”。因此，我们应该终结“模仿式研究”、“跟踪式研究”和“改进式研究”的“取经时代”，全面转入“原创性研究”的“造经时代”。

也许，正是基于这种考虑，国家自然科学基金委员会管理科学部将“中国企业管理会计理论与方法研究”列入 2010 年度重点项目指南。多位中国企业管理会计理论与方法研究者申报了该重点项目，我以暨南大学管理学院的名义并联合中山大学管理学院的刘运国、林斌和卢锐等教授也组织填报了一份申请书。最后，经过评审、答辩和批准，我和上海财经大学潘飞教授承担了该重点项目。

根据当时的设想,“中国企业管理会计理论与方法研究”项目的学术思想是:立足于转型经济环境下的中国企业特有的制度背景,综合运用会计学(尤其是管理会计学)与经济学、管理学、组织行为学、社会学和心理学等学科交叉的理论与方法,基于管理会计的“技术、组织、行为、情境”四个维度和“环境—战略—行为—过程—结果”一体化的逻辑基础,系统地研究中国企业管理会计理论与方法。

上述基本学术思想简要说明如下:

第一,管理会计具有技术(technical)、组织(organizational)、行为(behavioral)和情境(contextual)等四个维度[后三个维度可以统称为“管理情境”(management context),体现了管理会计的“社会性”]。除了技术维度之外,组织、行为与情境等三个维度都具有鲜明的“本土化”特征,体现了中国企业特有的制度背景。即便是技术维度(管理会计技术方法的运用),也强烈地受到组织、行为与情境的影响。其实,这四个维度相互影响,共生互动。这就是管理会计理论与方法研究的“由技入道”。因此,中国企业管理会计理论与方法研究必须基于管理会计的“技术、组织、行为、情境”四个维度,展开“立体式”的研究。

第二,从总体上看,会计(包括管理会计)数据体现了结果导向。然而,单独的结果无法展示“之所以产生如此结果”的前因后果,只能“知其然,而不知其所以然”。只有立足于“环境—战略—行为—过程—结果”一体化的逻辑基础,才能真正理解和体会结果为什么是这样(即企业创造价值的动因或绩效动因),从而才能判断企业创造价值的动因或绩效动因的可持续性。更为重要的是,单纯的结果导向,可能导致企业“急功近利”“短期行为”,扼杀企业的自主创新,从而危及企业的可持续发展。因此,中国企业管理会计理论与方法研究必须立足于“环境—战略—行为—过程—结果”一体化的逻辑基础。

根据上述学术思想,“中国企业管理会计理论与方法研究”项目的总体目标是:立足中国企业管理实践,结合国内外管理会计发展趋势,运用国际通行的管理会计研究方法,系统地研究中国企业富有本土化特征的管理会计理论与方法,总结中国企业管理会计的实践规律,探索其实现途径,构建适合中国企业管理情境的理论分析框架,得出具有基础性、前沿性和原创性以及应用性的研究成果,解决或解释中国企业管理会计实践出现的新问题,用管理会计的理论创新推动管理会计的实践创新,推进并提升中国企业管理会计整体学术水平,丰富和发展管理会计理论与实践,最终构建适合中国企业管理情境的管理会计理论与方法体系。

基于相关研究文献的回顾表明,国内外管理会计理论与方法研究主要关注激励机制、预算管理、绩效评价、成本计算方法、投资决策方法选择和管理会计整合研究等六个主题。那么,立足中国企业的管理情境,“中国企业管理会计理论与方法研究”项目应该研究哪些主题及其具体内容呢?

为了实现上述学术思想和总体目标，本着“有限目标、重点突破”和“从局部到整体”的原则，我们认为应该综合运用多种研究方法，重点研究如下五个专题。

第一，投资决策方法的选择及其经济效果。本专题的研究目标是：以中国企业经理人的行为动机为切入点，系统地研究投资决策方法的选择与其经济效果的关系，揭示和解释投资决策方法选择背后的经理人行为动机。为此，本专题的主要研究内容包括：①企业的组织、行为和情境与投资决策方法选择的理论分析模型研究，即研究影响中国企业投资决策方法选择的内外部因素，构造理论分析模型。②投资决策方法选择的行为动机研究，即研究选择某种投资决策方法背后隐含着什么行为动机或价值取向。③投资决策方法的选择与企业绩效之间的关系研究，即研究选择了某种投资决策方法是否提升企业绩效。④投资决策方法的选择与企业经理人行为研究，即研究基于企业目标与经理人目标（自利行为）存在冲突情境的投资决策方法选择问题。⑤投资决策方法选择的典型案例。本专题预期解决的关键科学问题是：中国企业投资决策方法选择的行为取向及其经济效果。

第二，企业成本计算方法研究。尽管作业成本法是管理会计的“最新”方法，鉴于中国企业的具体管理情境，本专题的成本计算方法既包括作业成本法，又包括除作业成本法之外的传统成本计算方法，如标准成本法、分步成本计算方法和分批成本计算方法等。本专题的研究目标是：全面、系统地研究基于不同经济发展水平、不同组织与环境特征、不同产权制度、不同行业、不同发展阶段企业的成本计算方法及其运用，将成本计算与成本管理融为一体，从而提高成本信息的应用价值。为此，本专题的主要研究内容包括：①企业管理情境与成本计算方法的适用性研究。②成本信息的决策有用性研究。③企业实施作业成本法影响因素的理论分析模型研究。④作业成本法与其他管理工具的整合研究，即研究作业成本法如何与业务流程再造（business process reengineering，BPR）、企业资源计划系统（enterprise resource planning，ERP）和生命周期成本法（life cycle costing）等管理工具的整合。⑤作业成本法与企业绩效研究，即研究企业实施了作业成本法是否提升了绩效。⑥成本计算方法的典型案例。本专题预期解决的关键科学问题是：论证成本计算不是一个简单的算术问题，而是一个管理问题。同时，破解“作业成本法之谜”，提高成本信息的决策有用性。

第三，基于战略导向的薪酬体系设计与绩效评价研究。薪酬体系设计是激励机制的重要组成部分。绩效评价与激励机制是同一个问题的两个方面。没有绩效评价，激励机制失去基础，而没有激励机制，绩效评价形同虚设。绩效评价与激励机制的结合才能有效地实现企业的战略。因此，薪酬体系设计与绩效评价必须统一于企业的战略。本专题的研究目标是：以战略为导向，内在激励与外在激励相结合，财务指标与非财务指标相融合，全面、深入地研究企业的薪酬体系设计与绩效评价问题，为中国企业的薪酬体系设计与绩效评价提供理论依据。为此，本专题的主要研究内容包括：①基于公平与效率的企业高管薪酬理论分析模型研究。②基于信息性（informativeness）原理与可控性（controllability）原理的绩效评价理论分析模型研究。③企业高管薪酬合约（包括薪酬结构）与绩效评价指标选择研究。④经济附加值与企业目标一致性研究。⑤经理人市场与国有企业高管薪酬制度研究。⑥基于战略思维的绩效评价与薪酬体系设计的整合研究。⑦薪酬体系设计与绩效评价的典型案例。本专题预期解决的关键科学问题是：薪酬体系设计的激励功效与企业绩效之间的交互作用，从而回答"激励薪酬是酬劳过去还是激励未来"的问题。

第四，基于组织、行为与情境的预算管理研究。本专题的研究目标是：综合经济学、社会学和心理学的理论与方法，"由技入道"，从"技术、组织、行为、情境"四个维度，全面、系统地研究预算管理问题，为中国企业实施预算管理提供理论依据。为此，本专题的主要研究内容包括：①基于经济学、社会学和心理学理论的预算管理理论分析模型研究。②企业预算管理模式的选择与博弈研究，即主要研究参与式预算、预算目标的难度、预算控制的松紧程度等重要主题以及预算管理背后的经济利益或政治利益的博弈，构建预算管理博弈分析模型。③预算管理的非预期行为研究，即研究"短期行为"和"预算松弛"及两者之间的关系。④预算管理过程及其成效研究。⑤激励薪酬、绩效评价与预算管理整合研究。⑥预算管理的典型案例。本专题预期解决的关键科学问题是："由技入道"，从"技术、组织、行为、情境"四个维度，揭示和解释企业预算管理的行为问题。

第五，中国企业管理会计理论与方法整合研究。本专题的研究目标是：立足中国企业管理情境，整合中国管理会计理论与方法，构建中国企业管理会计理论与方法体系。为此，本专题的主要研究内容包括：①不同行业运用管理会计方法或工具的现状与效果的比较研究，即研究不同行业运用管理会计方法或工具的现状、影响因素与运用效果。②管理会计的理论基础研究，即研究管理会计是否有理论以及理论基础是什么。③中国企业特有的管理会计理论与方法研究，即总结与提炼中国企业特有的管理会计理论与方法。④中国企业管理会计理论与方法体系研究。本专题预期解决的关键科学问题是：立足中国企业管理情境，总结与提炼中国企业管理会计理论与方法，构建中国企业管理会计理论与方法体系。

上述五个专题涵盖了"中国企业管理会计理论与方法研究"项目的关键问题。那么，这五个研究专题的基本逻辑关系又如何呢？

尽管 21 世纪管理会计强调"战略思维"，但是，从总体上说，管理会计的基本框架依然包括"决策与计划会计"和"执行会计"。"决策与计划会计"主要解决"该做什么"（doing right thing），体现了"战略思维"或"战略制定"；"执行会计”主要解决“如何做好”（doing thing right），体现了“战略实施”。由此，管理会计就是基于“战略思维”，将该做的事情做好（doing right thing right），即“有效地实施战略”。然而，管理会计涉及各级经理人的行为问题。基于各级经理人的“有限理性”（bounded rationality），企业必须通过激励机制，引导甚至改变各级经理人的行为，使各级经理人的行为有助于实现企业的目标。这样，企业的绩效评价与激励机制（即“做得如何”）就“嵌入”（built-in）了管理会计基本框架。由此，“中国企业管理会计理论与方法研究”项目各个专题之间的基本逻辑关系如下图所示。

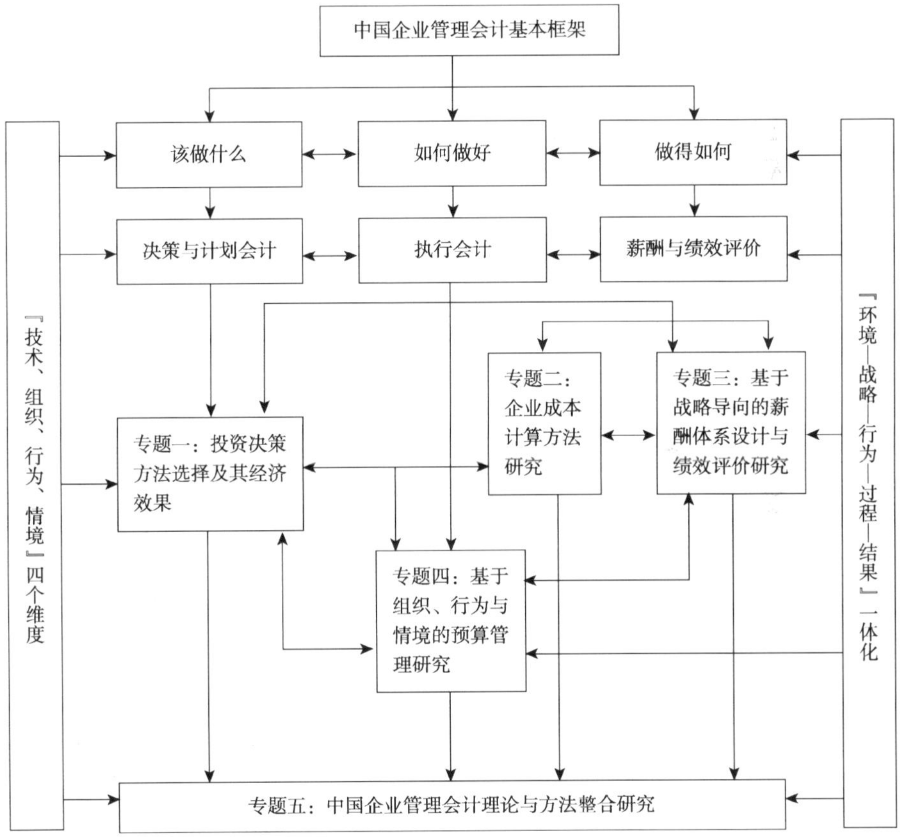

“中国企业管理会计理论与方法研究”项目各个专题之间的基本逻辑关系图

我们申报的“中国企业管理会计理论与方法研究”项目获批立项之后，我们走出书斋，深入企业，投入大量时间和精力，开展深度实地访谈、实施问卷调查与案例研究，立足中国企业的管理情境和管理实践问题，从中提炼出管理科学问题，运用多种理论与研究方法，研究中国企业管理会计的核心问题，总结中国企业管理会计的实践规律，探索其实现途径，初步构建了适合中国企业管理情境的理论分析框架，较好地实现了预期的研究目标。

为了更充分地展现“中国企业管理会计理论与方法研究”项目的研究成果，在科学出版社的大力支持下，我们决定出版“中国管理会计理论研究丛书”。即将面世的“中国管理会计理论研究丛书”包括《国有企业 EVA 考核、多元化与价值创造》、《行业特征、知识外部性与企业自主创新》、《管理者权力、投资与高管薪酬研究》、《中国财务重述公司盈余质量特征及其经济后果研究》和《基于中国情境的管理会计理论与方法体系研究》等五本专著。

2010 年之前，中国企业管理会计的理论与方法研究还相当“寂寞”。然而，就在“中国企业管理会计理论与方法研究”项目的研究工作接近尾声时，财政部于 2014 年发布了《财政部关于全面推进管理会计体系建设的指导意见》，使得中国的管理会计从原来的“小众呼吁”转向“大众热议”，掀起了一场管理会计研究热潮。由此，体现了国家自然科学基金委员会管理科学部的前瞻性，而“中国企业管理会计理论与方法研究”项目的研究成果也为此提供了某些理论支持。衷心感谢国家自然科学基金委员会管理科学部的大力支持，衷心感谢“中国企业管理会计理论与方法研究”项目全体成员的通力合作。

尽管“中国企业管理会计理论与方法研究”项目已经结题，但我们的研究还在继续且任重道远。我们衷心期待来自同行的批评与指正！

胡玉明

2017 年 8 月 7 日于暨南园

前　　言

企业的自主创新对其生存与发展至关重要，然而中国企业却普遍存在研究与开发（research and development，R&D）投资不足的现状。创新的外部性导致知识外溢，从而造成创新收益的损失，这是中国企业 R&D 投资不足的重要原因之一。而创新外部性的大小、企业 R&D 投资行为及专利行为，都存在显著的行业差异。因此，本书结合外部性理论、产业组织理论、专利竞赛理论，从市场结构因素的差异及同一行业内不同企业之间的策略互动的角度，分行业之间和行业内部两个研究层面，对企业 R&D 投资行为及专利行为的影响因素进行理论分析。

实证研究部分，本书以 2007～2010 年披露 R&D 投资的上市公司作为研究对象，在理论分析的基础上，基于行业特征中的市场结构因素，构建行业知识产权风险体系，并用实证检验行业知识产权风险对企业 R&D 投资和企业专利行为的影响。研究表明，知识产权风险具有显著的行业差异，行业知识产权风险对企业 R&D 投资具有显著的负面影响；中国上市公司的专利行为也存在显著的行业差异，企业应采取不同类型的专利申请行为应对不同类别的行业知识产权风险。从行业内部的研究层面，本书在分行业描述性统计的基础上，判断不同行业的专利竞赛类型，测算并建立竞争距离权重矩阵，运用空间滞后模型，实证检验在五大制造产业与信息技术产业中，不同竞争地位的企业之间 R&D 投资和专利行为的策略互动性及影响效果。研究表明，中国上市公司所处行业中，存在三类典型的专利竞赛的格局，体现出绝对先占权型、ε-先占权型和无领导型专利竞赛的不同特征。

本书的创新之处在于，从行业间的研究层面，结合知识外部性理论分析影响企业 R&D 投资的市场结构因素，并构建行业知识产权风险体系；从行业内部的研究层面，结合企业专利竞赛中的策略互动性，分析行业内部竞争企业及领导企业的 R&D 投资行为、专利申请行为对企业自身 R&D 投资的影响，并首次运用新的变量衡量体系与空间计量方法开展相应的实证研究。

目　录

第1章 绪　　论

1.1 本书写作背景与意义

技术进步对一国经济增长和企业竞争能力提高的作用，自新古典经济增长理论及内生经济增长理论提出以来，就一直得到学术界的广泛关注和肯定。自主创新作为技术进步的源泉，其重要性同样毋庸置疑。尤其在当今市场上，产品更新换代的周期越来越短，消费者追潮斗新的态势愈演愈烈，自主创新对于企业生存、竞争力的提高及实现可持续发展发挥着更加举足轻重的作用。

然而，相关数据却显示，中国企业普遍存在自主创新投资不足的现状。R&D投资强度，即R&D投资占销售额比率的大小（R&D-to-sales ratio），反映了企业对R&D投资的重视程度的高低，也反映了企业的眼前利益与长远发展之间的关系。一般认为，R&D投资强度达到2%企业才能基本生存，当R&D投资强度达到5%以上，企业才具有竞争力（潘承烈，2006）。然而，《中国科技统计年鉴》数据表明，2009年中国大中型工业企业R&D投资强度平均只有0.96%，而发达国家的大中型工业企业R&D投资强度一般都在3%左右。显然，与发达国家工业企业相比，中国工业企业的R&D投资强度存在较大的差距，中国企业的自主创新投入不足，限制了企业自主创新能力的提升。

企业创新不足的一个重要原因在于，创新的外部性造成了对创新成果的模仿、剽窃，使创新者的成本得不到补偿，从而导致对创新者的激励不足（Arrow，1962；Claude and Alexis，1988）。新经济增长理论认为，创新信息具有非竞争性、部分的非排他性及溢出效应，这些表明创新信息是一种公共物品，其生产必然产生外部性。创新信息的外部性使得同行企业或者潜在进入者，可通过模仿的手段获取创新知识和技术，并利用该知识和技术获利，而自主创新企业成本降低、收入增长的优势将下降，难以通过创新行为获得并保持市场领先企业的地位。这些因素都将对其后续创新投资产生负面影响（Cohen and Levin，1989）。维持R&D收益机制的不完善和缺位，都将增加R&D投资活动收益的不确定性。基于创新信息的外部性，国外大量文献都从知识溢出的角度，分析创新企业的垄断收益因为被模仿侵权而受到侵蚀的风险和其对企业自主创新投资的影响（Spence，1984；Cohen and Levin，1989；Grossman and Helpman，1992），以及从制度经济学的角度，分析知识产权制度对创新收益的保护和对创新投资的激励作用（North，1990；

Claessens and Laeven，2003）。

在中国，知识产权保护状态仍令人担忧，企业的自主创新活动面临着过高的外部性和知识产权风险，严重制约了企业 R&D 投资的动力。2003 年中国香港政治经济风险顾问公司（Political and Economic Risk Consultancy Ltd.）公布的亚洲主要国家和地区的知识产权风险指数显示，中国在亚洲 12 个国家中位列第二，仅略微低于居于首位的印度尼西亚，说明中国的知识产权风险程度严重。美国政府责任署（United States Government Accountability Office）2007 年发布的 GAO-08-177T 报告指出，知识产权法律的执行不力会加剧知识产权盗窃（intellectual property theft）的风险，而这种情况在中国尤为严重。中国的知识产权执法较差，并且改进速度极其缓慢。GAO-08-177T 报告还指出，中国是生产和销售侵权产品的主要国家，时至 2006 年，中国的盗版和仿制程度仍然是居高不下，中国销售的版权材料中 85%～93%为盗版，中国的伪造产品涉及医药、电子、电池、工业设备、玩具等领域，其中的很多产品对消费者的健康安全造成直接的威胁。而且，目前中国知识产权诉讼时间长、赔偿金额和法律救济不足，也加剧了侵权行为的猖獗。另外，在这种创新的外部环境下，中国企业维护自身知识产权成果，防范侵权行为的风险意识和风险管理也仍较为落后。方明（2004）的研究表明，在国际技术交易合同中，中国企业设定知识产权条款的经验薄弱，只有 14%的企业在相关协议中制定详细的、具有针对性的知识产权条款，37%的企业不确定协议中应该包括哪些知识产权条款以维护自身的权益，34%的企业不了解如何确定成果所有权，22%的企业甚至不明确经济利益的分配比例。2006 年我国科学技术部的数字也显示，中国只有万分之三的企业拥有自主知识产权。因此，近几年来，中国出口企业极易遭到国外技术性贸易壁垒的限制，由此影响到每年的出口额超过 450 亿美元，因知识产权而付出的赔偿额累计已达 10 亿美元，折合人民币达 80 亿元。这些现状说明，一方面，中国企业疲于应付侵权行为，因创新技术频繁被模仿而丧失原本有限的产品利润，创新资金的积累和投入积极性受到极大的打击；另一方面，又忽视自身的知识产权管理，埋下更大的知识产权风险隐患，在国际市场上频频受挫，进一步限制了企业的长远发展。

中国市场上弱知识产权保护，高知识产权风险，以及中国企业 R&D 投资不足的现状，对中国知识产权制度保护的有效性提出了重要挑战。虽然基于中国制度背景的理论与实证研究普遍认为，中国知识产权保护力度的提高激励了企业自主创新的投入（易先忠等，2007；宋河发和穆荣平，2006），但对知识产权制度有效性的质疑仍然不绝于耳，中国企业运用知识产权制度进行创新成果保护的意识与行动也并不强烈（楼慧心和樊丽淑，2009）。“知识产权制度失灵”的成因仍然未能明确。

因此，以外部性理论为基础从知识产权保护的源头出发，分析中国企业在自主创新过程中，面临的知识产权风险及其对企业自主创新行为的影响，对理解“知识产权制度失灵”的环节及成因具有重要意义。

但目前中国在此方面的研究还较为薄弱，且更多地侧重于理论分析。何英和黄瑞华（2006）、邓灵斌（2009）探讨知识产权风险的形成机制；张克英等（2006）、丁秀好等（2009）分析自主创新不同阶段中的知识产权风险类型；李志伟（2007）运用研发博弈模型分析知识溢出对企业 R&D 投资的影响。上述文献主要从知识外溢和诉讼风险的角度来分析知识产权风险，但不同行业中，技术机会、知识外溢、市场壁垒等特征存在显著差异（Ronald，1978；Knott et al.，2009），导致知识产权风险的风险来源和风险程度也存在显著的行业差别。那么，行业知识产权风险是否对企业自主创新投资产生不同的影响？现有文献并未开展更为深入的理论分析、现状描述与相关的实证研究。此外，专利作为知识产权保护制度最重要的制度产物，是否应被企业有效利用来应对其在行业内所面临的知识产权风险？行业内是否存在为获得专利而开展的研发竞赛？企业的自主创新投资和专利行为如何受到行业内其他企业的影响？这些问题的研究结论，能够有效指导企业深层次地分析知识产权制度，并加以利用来降低企业自主创新风险，从而激励企业自主创新投资，因而对缓解“知识产权制度失灵”、企业创新风险管理及专利战略管理，具有重要的理论和现实意义。

因此，本书基于中国的制度背景，以开展 R&D 投资的中国上市公司作为研究样本。首先，基于行业特征构造知识产权风险的衡量体系，提供中国上市公司主要行业中知识产权风险的详细信息，描绘不同行业的创新环境，指明不同行业中的创新公司应注意的知识产权风险管理重点。其次，本书用实证检验行业知识产权风险对企业 R&D 投资的影响，以及企业是否应通过专利申请行为应对其所在行业的知识产权风险。最后，在研究行业内不同竞争地位的企业间 R&D 投资和专利申请行为的相互影响的基础上，在行业内层面，探析特定行业创新外溢对企业行为的影响。以期通过这些研究，对中国企业知识产权风险研究和中国知识产权制度的完善提供相应的政策启示。

1.2　相关概念的界定

1.2.1　企业自主创新

创新理论源自熊彼特 1912 年的《经济发展理论》，他提出创新的概念及创新是生产过程中内生的基本观点。他认为创新是指，把一种新的生产要素和生产条件的“新结合”引入生产体系（包括引进新产品或一种产品的特性；采用新技术，即新的生产方法；开辟新市场；征服或控制原材料或半制成品的新的供应来源；

实现企业的新组织），这种创新并非从外部强加而来，而是企业内部自行发生的变化。因为企业家通过创新获取产品，以更低成本与现价之间的差额、或以高价售出新的产品、或在新的市场中销售产品等多种途径获取利润，利润的驱动造就了企业家自主性的创新行为。即使有模仿者的出现，利润持续一段时间直至消失，但新的工厂、新的企业仍然会不断出现，这种具有变革性、有力量与勇气、敢于挑战传统行为方式的企业家的创新行为，实现了经济社会的动态发展。由此可见，创新理论所指创新本身就是企业家自发性的主动创新行为，就是企业的自主创新。

"自主创新"在英文中没有相应的概念，最接近的概念应该是"indigienous innovation"（本土创新），特指发展中国家的创新。国内自主创新的高频率使用，皆源于创新型国家和国家自主创新战略的时代定位（李具恒，2007）。2006年《国家中长期科学和技术发展规划纲要（2006—2020）》提出自主创新包括原始创新、集成创新和引进消化吸收再创新（模仿创新）。傅家骥（1998）强调创新从技术突破到商业化的整体过程，认为自主创新是指通过自身的努力和探索产生技术突破，攻破技术难关，并在此基础上依靠自身的能力推动创新的后续环节，完成技术的商品化，获取商业利润，达到预期目标的创新活动。李具恒（2007）强调创新的自主性，即创新应获得自主知识产权，掌握核心技术，他认为自主技术创新是以企业为主体，利用各种资源，通过多种方式，获得对技术（特别是核心技术）及其发展的主导权（包括拥有知识产权），并在此基础上形成自己的技术轨道，发展出拥有自主概念的产品，从而为企业在竞争中带来战略性优势，为企业的良性发展提供支持和保障。

由此可见，不同角度的自主创新概念各有侧重，但"自主"体现在企业的参与及对创新成果的主导上，"创新"体现在从观念到产品的整体过程之中。创新的参与体现为企业的自主创新投资，即通常使用的 R&D 投资，包括企业在进行的基础研究、应用研究和试验发展三类科技研究活动上的投资。对创新成果的主导，即企业对 R&D 所获得的核心技术、方法、工艺、装置、产品等创新成果的主导，包括对创新成果申请专利等知识产权保护的行为。因此，本书对企业自主创新的研究，包括企业的 R&D 投资和企业的专利行为两个方面。

1.2.2 知识产权风险

企业的自主创新活动产生知识，但由于知识外部性的存在，一方面，可能因为未界定产权而面临知识外溢的风险；另一方面，可能因为界定了产权而面临被侵权和侵权风险，这两部分风险构成知识产权风险的主要内容，是企业自主创新中不可避免的风险之一。

但少有文献对企业自主创新中的知识产权风险进行界定。周文光和黄瑞华（2009）、丁秀好等（2009）认为，知识产权风险可能是导致企业知识产权相关的收益或竞争优势丧失的因素。

知识外部性是知识产权风险的来源，其产生的重要途径是知识的外溢。知识外溢严重，从而导致知识外部性高时，创新厂商收益受损的可能性增大，即收益不确定性增加。知识的外部性使得创新收益不确定性提高，知识产权风险增加。

具体而言，现代社会中，知识产权制度的建立使得企业的部分知识转化为知识产权，如专利权、商标权、著作权等，但仍有部分显性知识和未被表述的隐性知识，由于难以界定产权或企业的自主选择，以商业秘密、专有技术等形式存在。这些未被界定产权的知识，需要企业花费额外的成本采取保密措施以防止他人使用，或者通过晋升或物质奖励，或者订立长期劳动合同防止隐性知识的载体——企业员工的流失，否则知识将通过外溢为其他企业所有和所用，损害知识创造企业的收益，而且不能通过产权交易获得相应的补偿。这部分风险即由知识外部性引发的知识外溢的风险。

对于已被界定产权的知识，在法律强制许可或超过法律保护期限等情况下，仍然成为一种公共物品，其外部性同样形成知识外溢的风险。即使该知识的产权被完全界定，其他企业或个人仍可能会有意无意地应用该知识获益，从而造成知识产权拥有者的损失，尤其当企业所在地的知识产权保护薄弱，使用他人知识产权而未支付产权交易费用的现象普遍时，知识产权的拥有者被侵权的风险也不可忽视。在被侵权的情况下，企业本应具有的垄断收益被其他企业所分割。同样，一个企业也可能无意或有意使用其他企业的知识产权而未支付产权交易费用，成为侵权者。无论是处于侵权的何方，一旦由于侵权而陷入法律诉讼，都将对企业现金流和未来的声誉及收益造成损失。无论何种损失，根源仍旧是知识外溢的接收方未能补偿知识生产方，对其造成损害的知识外部性，从而引发知识产权风险。

1.2.3 市场结构因素

行业特征包括行业间与行业内的企业特征及竞争关系，市场结构是行业间特征的重要体现。市场特征，是指在特定的市场中，企业间在数量、市场份额、企业规模上的相互关系，这些关系形成市场上不同类型的竞争形式，包括完全竞争、垄断、垄断竞争和寡头垄断四种基本竞争形式。

市场结构因素，即用以判断、划分市场结构的因素，包括买方集中程度、卖方集中程度、产品差异性和市场壁垒。

买方集中程度体现为买方的议价能力，是指买方可以采用压低价格、要求较高的产品质量或索取更多的服务项目等竞争手段，从卖方与竞卖者彼此对立的状态中获利的能力。影响买方集中程度的因素，包括相对于卖方数量的买方数量、单个买方的购买量、可供买方选择的替代产品数量、买方选择替代产品的成本、买方逆向合并的威胁及买方的信息透明度。买方集中程度越高，则市场的竞争程度越高。

卖方集中程度主要体现为市场集中度，即行业内企业的综合实力、市场容量、行业内大企业所占有的市场份额。市场集中度体现行业内大企业对价格的操控能力，即卖方议价能力，指企业能够通过提价或降低所购产品或服务的质量，向行业内其他企业施加压力的能力。卖方议价能力越高，则买方没有或有较少的余地来改变价格。卖方集中程度越高，市场的竞争程度越低。

产品差异性，即企业最终销售的产品的实体要素或销售产品的服务途径等方式上，与其他企业存在差异之处，造成足以引导消费者购买的特殊性（史东辉，2010）。或者在同一行业内不同企业生产的同类商品，在质量、款式、性能、销售服务、提供信息和消费者偏好等方面存在的差异，导致产品间替代的不完全性的状态。产品差异化可以体现在产品物理特征（外观、性能、质量等）、售前与售后服务中，也可以体现在企业的产地和销售地的便利性中，其结果均导致消费者认为该产品是独特的。产品差异性越高，市场的竞争程度越高。

市场壁垒，即使潜在进入者处于与已存在的厂商相比较为不利的竞争地位，以及使已存在厂商能长期获取常态利润的因素，克服这些因素将导致新入者成本的提高。或者在某些或任何产出水平上，一种由试图进入行业的企业而不是由在位企业所承担的成本。无论是由于在位企业的优势还是潜在进入企业的劣势，市场壁垒都形成对潜在进入企业的阻碍。市场壁垒越高，市场的竞争程度越低。

1.2.4 专利竞赛

行业内企业之间的竞争关系是行业特征的另一重要方面。专利竞赛描绘了行业内领先企业与追随企业及竞争企业之间的竞争关系，以及企业之间的策略互动性。专利竞赛特征是行业内特征的重要体现。

专利竞赛概念来自技术竞赛。不同行业内企业之间，为了力争在动态的竞争市场中占据一席之地或保持已有竞争地位，纷纷开展自主创新活动，形成相互竞赛的态势。从 20 世纪 70 年代后期开始经济学家们就用大量的“竞赛”模型来描述企业之间的这种技术竞争，研究技术竞争的战略和策略。与此同时，随着专利制度的建立与逐步完善，专利对于企业技术创新成果的保护日益加强，对于最先实现创新的企业，专利授予其对创新成果的独占权，保障相应垄断利润的实现，因此专利成为技术竞赛的重要目标。以获取专利为目的的技术竞赛，被称为专利竞赛。

1.3 研究的技术路线与方法

1.3.1 技术路线

本书对影响企业自主创新行为的行业特征因素进行了深入研究。企业自主创新的成果具有知识外部性，导致知识产权风险。不同行业之间知识产权风险受到市场结构因素，如产品差异化程度、市场壁垒的影响，不同的行业知识产权风险导致行业内部企业不同的 R&D 投资强度与专利行为。同时，同一行业内部的企业 R&D 投资与专利行为所产生的知识外溢对其他企业也具有显著的影响，使不同企业呈现出不同类型的专利竞赛的特征。因此，本书从行业之间与行业内部两个层面，分别对市场结构因素和专利竞赛特征对企业自主创新行为的影响，进行理论分析与实证检验。

本书的技术路线为：第一，对国内外已有相关文献进行全面回顾与评述，指出现有文献的不足，提出本书的研究问题。第二，对中国产业创新发展，知识产权保护的政策和现状，进行梳理和分析，为后文提供相关的制度背景。第三，对本书的研究问题进行理论分析。首先，基于外部性理论、产业组织理论，分析代表行业特征的各市场结构因素，分析如何通过影响企业之间的知识外部性和创新风险，从而导致不同的企业 R&D 投资行为及专利行为的作用机制；其次，基于市场竞争理论与专利竞赛理论，分析不同行业中领导企业与跟随企业、竞争企业之间 R&D 投资和专利信息披露的策略互动性。第四，在理论分析的基础上，首先基于中国知识产权保护现状和市场特征，按照知识产权风险发生的法律原因和法律条件，从产品市场特征、产品差异性角度度量侵权意愿，从市场壁垒、知识外溢程度角度度量侵权难度，从专利侵权风险和专利诉讼风险角度度量诉讼可能，综合评价不同行业上市公司的知识产权风险，并实证检验行业知识产权风险对企业 R&D 投资和企业专利行为的影响，解答中国各行业中的企业自主创新是否为知识产权风险所累，以及企业是否应利用专利来应对其在行业内部所面临的知识产权风险的问题。第五，在行业内部进行更细致的实证研究，基于样本公司中不同行业的细分数据，在分行业描述性统计的基础上，建立竞争距离权重矩阵，运用空间滞后模型，实证检验五大制造产业行业与信息技术产业中，专利竞赛的存在性和类型、不同竞争地位的企业之间 R&D 投资和专利行为的策略互动性及影响效果。结论部分根据上述理论分析和实证分析的结果，结合中国的现实背景，提出相应的政策启示和管理建议。

本书的基本研究思路，如图 1-1 所示。

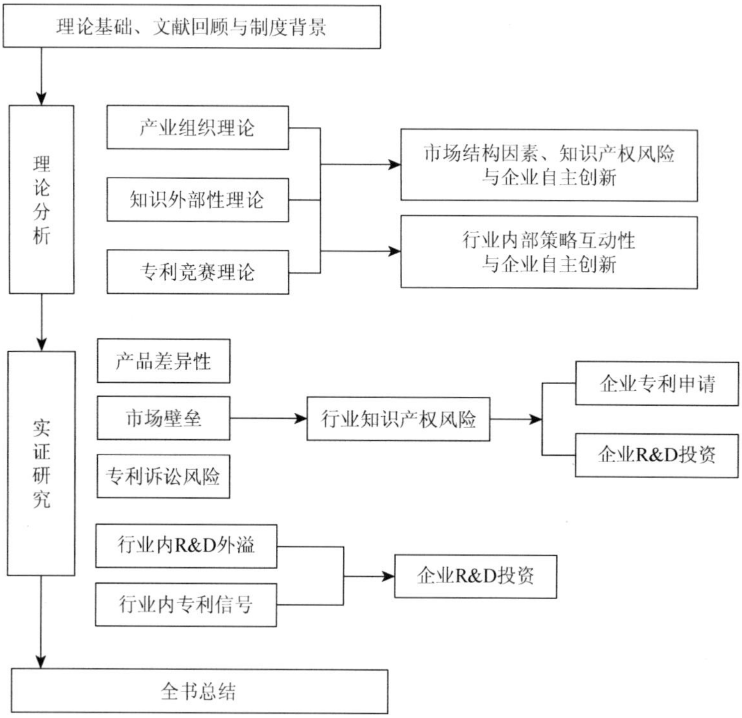

图 1-1　本书技术路线图

1.3.2　研究方法

本书采用理论研究和实证研究相结合的研究方法。在理论研究阶段，主要采用文献分析、规范分析方法。在归纳总结相关文献的基础上，运用相关理论对本书的研究问题进行分析，建立本书的理论框架；在实证研究阶段，本书通过手工从中国知识产权网搜集上市公司的专利申请及发明专利授权数据，从 CSMAR 数据库、Wind 数据库、上市公司年报搜集行业特征、上市公司 R&D 投资、财务特征、高管特征、股权特征等数据，在所搜集数据的基础上确定研究样本、研究变量与实证模型，利用 Excel、Stata、Matlab 软件，运用方差分析、随机系数回归模型、面板数据随机效应模型回归、空间滞后模型回归方法，对所提出的研究假设进行实证检验。

1.4　研究内容安排

本书分为 6 章，各章的内容概要如下。

第 1 章，绪论。介绍本书 的写作背景与研究意义，并阐述本书的研究思路、研究方法、主要内容安排及可能的创新点。

第 2 章，理论基础与文献回顾。主要基于外部性理论分析企业自主创新中知识产权风险的来源及其影响；基于制度变迁理论、知识产权对价论，分析知识产权制度对企业自主创新激励与保护的作用机制；基于产业组织理论，分析市场结构因素对企业自主创新影响。

第 3 章，制度背景与现状分析。介绍中国知识产权法律体系，即知识产权战略，描述中国知识产权侵权和诉讼状况；介绍中国科技创新规划及其中的产业创新政策，描述中国不同行业创新发展的现状。

第 4 章，市场结构因素、知识产权风险与企业创新行为研究。首先，结合知识产权风险来源和市场结构因素，建立行业知识产权风险的衡量体系，综合评价不同行业上市公司的知识产权风险；其次，实证检验行业知识产权风险对企业 R&D 投资和企业专利行为的影响。

第 5 章，行业内部企业创新行为的策略互动性研究。在行业内部进行更细致的实证研究，描述不同行业中，专利竞赛的存在性和类型，实证检验不同竞争地位的企业之间 R&D 投资和专利行为的策略互动性及影响效果。

第 6 章，研究结论与展望。对本书的研究结果进行总结与归纳，对中国企业知识产权风险研究和中国知识产权制度的完善提供相应的政策启示，并指出本书的研究局限与未来的研究方向。

本书的研究内容，如图 1-2 所示。

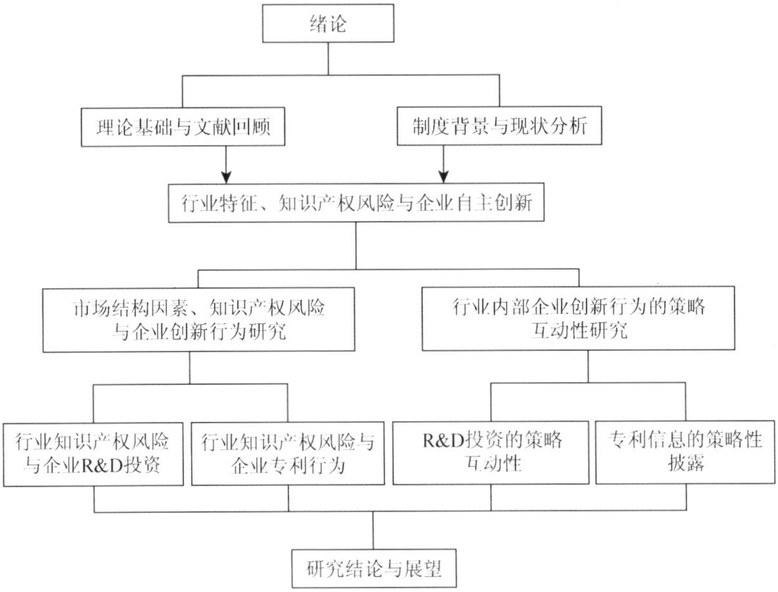

图 1-2　本书研究内容框架图

1.5　本书的创新点

本书可能的创新主要体现在以下四个方面。

（1）在理论方面，本书结合知识外部性理论与产业组织理论，分析市场结构因素对知识外部性和企业 R&D 投资的影响，为行业层面的知识产权风险与创新投资研究奠定理论基础。

（2）在变量设计方面，本书基于市场结构因素，涵盖知识产权风险的两大主要来源，首次构造行业知识产权风险的衡量体系，提供中国上市公司主要行业中知识产权风险的详细信息，描绘不同行业的创新环境，指明不同行业中的创新公司应注意的风险管理重点。

在行业知识产权风险的衡量体系中，采用两种行业重分类方法，将中国证券监督管理委员会（简称中国证监会）制定的上市公司行业分类与行业市场特征、国际专利分类法（international patent classification，IPC）进行转换，有助于知识产权相关行业研究、企业创新与知识产权管理相结合的后续研究。

（3）在研究视角方面，本书首次实证检验中国资本市场中，行业知识产权风险与企业创新行为——R&D 投资与专利申请行为的关系，为创新激励政策的制定提供启示与建议。

本书还首次基于中国行业细分数据，对专利竞赛理论中行业内部企业行为的策略互动性进行实证研究，研究结论提供不同类型行业中专利竞赛的类型、不同竞争地位企业之间 R&D 投资、专利申请行为的互动影响，对行业内部的创新研究与创新实践具有重要意义。

（4）在研究方法方面，行业内竞争企业的策略互动性研究中，本书首次借鉴空间计量经济学中的空间权重矩阵，构造竞争距离权重矩阵，结合空间滞后模型进行实证分析，此种研究方法有助于在竞争理论体系下，开展有关竞争企业之间投资与融资行为的相关实证研究。

第 2 章　理论基础与文献回顾

2.1　知识产权风险与企业自主创新

2.1.1　外部性理论

1. 外部性的概念和内涵

对外部性问题的研究始于 19 世纪末、20 世纪初，随即成为微观经济学研究领域中至关重要的一环。外部性概念的定义，一般采用 Buchanan 和 Stubblebine（1962）的定义：只要某人的效用函数所包含的某些要素被另一个人控制，就表明经济中存在着外部性。即外部效应为某个经济主体的福利函数所包含的自变量中包含了其他经济主体的行为，而该经济主体却并没有向其他经济主体提供报酬或索取补偿。用公式表示为

$$F_j = F_j(X_{1j}, X_{2j}, \cdots, X_{nj}, X_{mk}), \quad j \neq k, X_i(i = 1, 2, \cdots, n, m) \tag{2-1}$$

其中，j 和 k 表示不同的个人（或厂商）；F_j 表示 j 的福利函数，是指经济活动。该函数表明，某个经济主体 j 的福利，不仅受到它自己所控制的经济活动 X_i 的影响，也受到另外一个经济主体 k 所控制的经济活动 X_m 的影响，就存在外部效应。

外部性的影响效果有两种：正外部性（外部经济）与负外部性（外部不经济）。正外部性就是一些人的生产或消费使另一些人受益，而又无法向后者收费的现象；负外部性就是一些人的生产或消费使另一些人受损，而前者无需补偿后者的现象。例如，养蜂场与苹果园之间就存在正外部性；而上游的化工厂对下游渔场造成污染，致使渔场产量下降，收益受损，但渔场又并未获得化工厂的补偿时，则存在负外部性。

在外部性的影响效果中，是否收费和给予补偿是正外部性与负外部性存在的重要一环。例如，如果腾讯公司的开放平台不向大量网页游戏和社交游戏的生产商收取费用，那么后者从腾讯开放平台的用户渠道中免费获得收益，则存在正外部性（实际上是采用收益分成的方式收费）；或者，如果大量山寨手机的生产者无需向相关领域的专利拥有者（如苹果、三星等手机生产商）支付补偿，后者的市场份额降低，收益受损，则存在负外部性。而现实中，正是由于相应的利润分成机制和专利许可使用制度，形成相应的收费和补偿，从而消除或降低该领域中的外部性。

外部性有单向外部性和双向外部性两种。单向外部性是指只有一方对另一方

带来正外部性或负外部性。双向外部性是指两个经济主体彼此都存在外部性。例如，养蜂场和苹果园之间就存在双向的正外部性；如果甲厂商生产的手机模仿乙厂商手机的外观和基本功能，甲厂商分割了市场份额而无需向乙厂商支付补偿，则甲厂商对乙厂商有负外部性，而乙厂商对甲厂商有正外部性。

2. 外部性理论的发展

大量经济学家对外部性理论进行研究，对其发展做出了重要贡献。其中最具里程碑意义的当数马歇尔、庇古和科斯的外部性理论。但西奇威克（Sidgwick，1883）的观点对外部性理论的提出功不可没，他认为，“在某种情况下，人们会额外负担那些由于他人行为而产生的不能得到补偿的货币或精神成本”，认识到外部性的存在。在此思想的基础上，马歇尔（2005）正式提出“外部经济”和“内部经济”的概念。内部经济，即企业内部的各种因素，如生产设备的更新、员工激励和创新的管理方法等，使得生产费用节约。外部经济是指，企业外部的各种因素导致的生产费用的减少，如供应链上相关企业效率的改善、物流的便利、创新的集聚等。

马歇尔考察的外部性是外部因素对企业的影响效果，与此相对应的，企业的活动对其外部的影响效果又如何呢？庇古（2007）从社会福利的角度，系统分析了此类外部性问题的成因和解决外部性问题的对策。他提出了私人边际成本（marginal private cost，MPC）和社会边际成本（marginal social cost，MSC）、边际私人纯产值和边际社会纯产值等概念，并进行分析。当行动方并没有完全承担其成本，其 MPC 小于 MSC，两者的差额就是边际外部成本（marginal external cost，MEC），此时存在负外部效应。对于正外部性来说，产生外部性的一方并没有得到全部收益，其边际私人收益（marginal private benefit，MPB）小于边际社会收益（marginal social benefit，MSB），两者的差额就是边际外部收益（marginal external benefit，MEB）。根据边际收益等于边际成本的原则，私人实际所生产的产量小于社会最优生产量，即私人生产不能满足社会需求。从社会福利的角度来看，资源配置低效，难以实现帕累托最优。

对于外部性的存在使资源配置难以实现帕累托最优，有可能导致市场失灵的问题，庇古认为，在这种情况下，依靠自由竞争是不可能达到社会福利最大的，需要政府采取相应的政策措施：当存在负外部性时，向源头企业征收一定的税负，即所谓的“庇古税”；当存在正外部性时，对源头企业实行奖励和补贴。

但在现实中，庇古的外部性政策存在一些局限性。“庇古税”运用的前提是政府能够确认受到外部性影响的所有部门及其边际成本或收益，拥有能够进行帕累托最优资源配置的所有相关信息，只有这样才能确定出最优的税率和补贴。但现实中，政府往往难以获得准确和充分的信息（平新乔，2001；沈满洪和何灵巧，2002）。此外，政府并非是公共利益的天然代表者，税负征收过程中可能会出现寻租活动，从而存在“政府失灵”的可能性。政府干预本身也是要花费成本的，政府实施税收和补贴政策，必然需要设置相应的机构、配置相应的人员和设施，从而消耗社会资源。然而，这些局限性并未阻碍庇古理论的广泛应用，如世界各国环境保护政策中普遍采用的排污收费制度，正是基于“庇古税”的理论基础而制定的。

外部性的第一个里程碑是马歇尔在 1890 年发表的《经济学原理》中提出的“外部经济”的概念，即企业间分工而导致的效率提高。外部性的第二个里程碑是庇古首次用现代经济学的方法从福利经济学的角度系统地研究了外部性问题，在马歇尔提出的“外部经济”概念基础上扩充了“外部不经济”的概念和内容，将外部性问题的研究从外部因素对企业的影响效果转向企业或居民对其他企业或居民的影响效果。外部性的第三个里程碑是科斯定理。

科斯（Coase，1960）提出“交易成本”这一重要的概念，从产权界定和交易成本的角度，提出了对外部性问题的新的解决思路。他认为，产权的初始界定对于外部性问题的确定和解决至关重要。如果法律明确规定养鱼场有不受河水污染的权利，那么造纸厂要继续生产，就不得不对养鱼场进行补偿；相反，如果法律明确规定造纸厂有权利污染河水，那么养鱼场就可以通过产权交易向造纸厂赎买排污权，限制其排放废水。当交易成本为零时，无论初始权利赋予了养鱼场还是造纸厂，经过双方的多轮谈判和自愿协商，最优的资源配置方案都能够产生，无需通过征收“庇古税”来实现。当交易成本不为零时，不同的政策手段将导致不同的资源配置效率和社会总体福利。此时，交易成本最低的政策手段才是最优的，而这需要对其他的成本与收益进行权衡比较才能确定。例如，在产权制度下，界定产权初始分配，确定产权交易方案后，养鱼场要与造纸厂进行反复协商、谈判，并签订交易合约，还要监督合约的执行，并在对方违约时请求仲裁或聘请律师进行诉讼，这些成本构成交易成本。将此交易成本与政府征税的“庇古税”方案的交易成本进行比较，才能确定何种方案才是最优的选择。

科斯定理可以总结为：如果交易费用为零，无论权利如何界定，都可以通过市场交易和自愿协商达到资源的最优配置；如果交易费用不为零，则需要进行制度的安排与选择，即对各种政策手段的成本-收益的权衡比较才能确定。

2.1.2　知识的外部性

对知识和人力资源外部性的讨论是新经济增长理论的核心，即在传统外部性理论的基础上，分析知识和人力资本的正外部性特征及其对社会经济发展与创新活动的影响。

知识的非竞争性和非排他性，使得知识的积累具有溢出效应，因此知识具有报酬递增的特性，知识资本投资的社会报酬率高于私人报酬率，其产生的正外部性给全社会带来规模经济效应，促进社会经济增长。但另外，正由于知识具有正外部性特征，新知识的发现者的 MPB 远远低于社会使用知识的边际收益，导致新知识的生产小于社会最优生产量和创新供给不足。知识资本、人力资本对于经济增长作用的研究，在新经济增长理论领域已有众多文献进行回顾与总结，本书不再赘述。本书侧重于总结分析知识外部性对企业创新影响的研究。

Arrow（1962）首次用外部性分析创新投资的溢出效应，他认为企业的研发活动对其他企业的生产存在正的外部性，即知识溢出。创新投资获得新的知识，但知识容易通过员工流动、新品发布等渠道被其他企业获得并采用，但创新企业却无法确定应该向这种外部性索取回报的对象和大小，而且很难通过法律手段完全抑制知识溢出。因此，知识溢出可能降低企业的创新激励。Romer（1986）提出知识溢出模型。他认为知识溢出提高资本的边际生产率，从而造成社会收益率高于知识创造厂商的私人收益率。如果政府不向生产知识的厂商提供补贴或对其他厂商征收相应的税收，会导致知识创造厂商的后续创新不足。Lucas（1988）提出人力资本溢出模型。他认为具备人力资本的人员之间相互学习、交流，能够促进所有人的共同提高，从而使得整体生产率的提高。而一个具备较高人力资本的个人能够在团体中提供巨大的贡献，但并不一定因此而获得额外的收益。因此人力资本的溢出具有正的外部性。Cohen 和 Levin（1989）认为，同行厂商或者潜在进入者通过模仿分享了创新成果，随着这种知识溢出的增加，领先者成本降低、收入增长的优势将下降，创新者难以通过创新行为获得并保持市场领先者的地位。D' Aspremont 和 Jacquemin（1988）的 AJ 模型、Kamien 等（1992）的 KMZ 模型均发现，企业的 R&D 活动会产生外部性，此时在自由的市场机制下，会产生创新不足的现象。R&D 活动所生产的知识溢出侵害了创新者的利润，企业家的创新激励受到了打击。如果没有维护创新 R&D 活动利润的机制存在，R&D 活动的投资巨大而收益不确定性高，那么过大的投资风险将只能使得企业家们对进行创新望而却步。知识外部性的存在，导致创新企业和社会整体创新水平的不足。Romer（2001）进一步明确了 R&D 的外部性，认为知识如果是完全溢出的，企业将失去知识创造的动力，而选择等待其他企业的创新成果溢出。

以上的观点，按照庇古的分析方法进行分析：新知识的生产者是知识正外部性的产生方，其 MPB 小于 MSB，在未得到政府的补贴或其他知识接收方的补偿的情况下，按照边际成本等于边际收益的原则，新知识的生产量将小于社会最优知识生产量，进而形成新知识的生产不足的局面。从交互外部性的角度来看，由于知识的接收方无需通过高成本的 R&D 活动而获得知识，而对此知识的应用也可以获得一定的市场份额和收益，并且也无需对知识生产者进行补偿时，其将更倾向于等待知识的溢出，而非自身创新知识的生产。因此总体而言，若长此以往，整个社会的知识创新生产将持续不足。

我国国内学者主要根据知识的分类，阐述知识外部性的产生机制。根据知识能否清晰地表述和有效地转移，将知识分为显性知识（explicit knowledge）和隐性知识（tacit knowledge）两类。何英和黄瑞华（2006）根据显性知识和隐性知识的特点，分析两类知识不同的外部性的产生途径。他们认为，显性知识容易通过大众媒介进行广泛传播，很难排除他人对显性知识的使用，因此私人收益小于社会收益，导致正的外部性。隐性知识，由于难以明确表达，其外部性来自企业层面中人员的流动性。一般而言，无论是显性知识还是隐性知识，一旦得以外溢和扩散，其效用可以为多数人共享。而在生产以知识为基础的商品时，R&D 成本高，制造成本低。因此，知识生产者负担高额的 R&D 成本，但与知识接收方相比，在售价上往往难以拥有优势。知识接收方这种“搭便车”的行为容易导致市场失灵。

2.1.3　知识产权风险与企业 R&D 投资

企业的知识，由于知识外部性的存在，一方面，可能因为未界定产权，而面临知识外溢的风险——知识外溢风险；另一方面，可能因为界定了产权，而面临被侵权和侵权风险——知识产权法律风险。这就是知识产权风险的内容。

1. 知识外溢风险与企业 R&D 投资

在存在竞争的市场和行业中，竞争对手对外溢知识的吸收与应用，使得新知识生产厂家的收益受损，这属于知识生产厂家开展 R&D 活动必须面临的风险之一。Cohen 和 Levin（1989）认为，企业获取其 R&D 收益的能力保障来自两个方面：一是知识产权保护；二是阻止竞争对手通过外溢剥夺其创新知识。因此，竞争对手通过模仿获取创新知识和技术并运用该知识获利，剥夺企业自主 R&D 活动的收益的可能性，增加了企业 R&D 活动的风险水平。Teece（1987）认为，当模仿容易时，市场不会运行良好，创新收益会转移到相关生产性资产的拥有者，而非创新成果的发明者。Davidson 和 Segerstrom（1998）认为，企业间较容易模仿的、弱的知识产权保护会降低创新收益的持续性，从而减少企业 R&D 投入激励。Aghion 等（2001）分析了技术能力相当的企业间的知识外溢。他们认为，企业开展 R&D 活动的激励来源于创新成功者与失败者直接的收益差，而并非在位者现有的创新收益。即使存在着创新外溢和模仿，市场上存在着并驾齐驱的竞争者，被模仿的企业仍然会加大 R&D 投入，以争夺领先地位。一定程度上的模仿会激励企业的 R&D 投入，但是过度模仿也会打击企业 R&D 的积极性。

相对于理论推导中知识外溢降低企业 R&D 投资激励的一致结论，在实证研究的文献中，由于对知识外溢的衡量不同（即知识外溢是否包含模仿者对知识外溢的吸收能力），以及是否考虑跟随公司的吸收能力，是否区分知识外溢分别对创新领先者和跟随者 R&D 活动的影响，所以知识产权外溢风险对企业 R&D 投入的实证结论莫衷一是。Spence（1984）将外溢界定为行业知识池（行业内所有可分享、模仿的知识总和）中企业获取的知识所占的比例，体现了创新者保护知识的努力和模仿者攫取知识的努力，其实证研究发现，创新专属性被剥夺的确稀释了企业 R&D 的动力。知识泄露越严重，企业自身研发投资越低。Jovanovic 和 Rob（1989）认为企业并非从行业内知识总和中进行模仿，而是随机选择竞争者进行模仿，而且被模仿者必须比模仿者更先进。因此对于模仿者来说，溢出程度越高，越有助于企业的学习提高，企业的创新投入和增长越高，Grossman 和 Helpman（1992）采用模仿率，即单位时间内创新产品被复制的比例表示技术外溢，得到了类似的结论。Levin 和 Reiss（1988）运用行业数据和调查数据实证，检验了创新收益被剥夺的风险对企业 R&D 投入的影响，结果表明，即使在高外溢性的行业中，竞争对手的吸收能力不同，导致创新收益被剥夺的程度也不同，因此也并不一定会降低企业的 R&D 投资。在某些情况下，过程（产品）创新的外溢会导致企业增加产品（过程）R&D 的投资，Eeckhout 和 Jovanoic（2002）也考虑知识外溢的吸收能力并得到了同样的结果。但上述文献并未分析被模仿者的情形。Knott 等（2009）认为，知识外溢对模仿者与被模仿者的 R&D 投资的影响是有所差别的，Knott 等（2009）运用领导差距指标（行业领导者的 R&D 流量与样本企业的 R&D 流量的差值）来表示外溢池，运用生产函数模型计算行业知识外溢程度，发现在知识外溢程度高的企业中，企业 R&D 投入更高。他们对此的解释：一是企业根据竞争对手进行技术模仿，能够激励研发投入；二是被模仿侵权的企业，更有动机开展研发——因为这种风险激化了竞争，只有再次研发才能保持竞争地位。

综合上述实证文献可知，如果市场存在明确的领先者与跟随模仿者，对于市场领先者，知识外溢有利于竞争者，需要领先者采用额外的防范措施来阻止技术外溢，增加企业成本，但为了保持领先地位，领先者仍然会持续开展研发投资；对于跟随模仿者，知识外溢是有利的，还可以使企业在获得的外溢技术的基础上开展继续研发的动力更强。但如果市场上不存在明确的领先者与跟随模仿者，并且市场竞争程度激烈，那么知识外溢对于独立企业的 R&D 投资具有消极的影响。

2. 知识产权法律风险与企业 R&D 投资

由于知识外部性的存在，各国均设立知识产权制度以降低知识溢出的外部性，以激励私人创新。知识产权制度在保护创新成果的同时，必然对侵权行为予以惩罚。企业由于有意或无意的侵权行为而受到惩罚，或者因其他企业的侵权而陷入诉讼，对于企业创新进展和企业声誉均会产生重要影响，所以来自知识产权法律诉讼的风险也是知识产权风险的重要组成部分。现有文献从专利诉讼的角度，分析企业知识产权侵权与被侵权的原因。Jean 和 Mark（2004）认为，零碎的专利权和普遍存在的专利战略行为，导致企业容易陷入专利诉讼之中，这样做提高了专利执行成本，阻止企业有效地开展 R&D 活动。他们确认并量化了专利诉讼风险中可观测的专利特点，并用实证检验了专利诉讼风险对企业 R&D 投资的影响。Horng 等(2006)分析了我国台湾高科技企业开展 R&D 活动所面临的法律责任风险，尤其是知识产权风险。他们认为，企业在设计、研究、开发、销售商品、提供服务的过程中，可能会因为忽视法律规则而侵犯其他企业或其他个人的权利（如专利权、版权、商标权、技术秘密、公平交易等)，并提供了法律风险管理战略的框架。Bergmann 等(2008)分析了企业的专利侵权风险。企业不仅可能被侵权，也可能在无意的情况下成为侵权者，甚至受到所谓“专利鲨鱼”（购买了行业内大多数专利的公司）的攻击，这不仅导致企业要付出大额的赔偿金额，也损害了企业的声誉与产品的销售。运用语义（semantic）专利分析有利于发现专利侵权风险。Scott（1984）分析了在知识产权许可中，出让方可能破产所导致的风险，以及相应的风险应对措施。

我国国内的文献大多关注于合作研发中的知识产权风险，企业自主 R&D 活动中的知识产权风险的研究，主要包括风险产生机制研究（也可归结为知识外溢与法律诉讼风险两类）及企业自主 R&D 活动中不同阶段中的知识产权风险类型的研究。在企业自主 R&D 活动中的风险机制研究方面，何英和黄瑞华（2006）将新制度经济学产权理论对一般财产产权的分析应用于对知识产权的分析，用以分析知识的外部性问题，以及知识外部性如何导致知识产权风险的形成机制，并提出知识外溢风险、隐性知识流失风险、知识产权侵权风险的表现形式。张克英等（2006）探讨了在网络环境下，不同的网络沟通方式所产生的知识产权风险。邓灵斌（2009）分析了隐性知识转移过程中，由于知识的外部性所产生的知识产权风险。

在自主创新不同阶段的知识产权风险的研究方面，孙银生（2008）结合具体的案例，分析了企业产品在研发、生产、销售阶段可能面临的知识产权风险。研发阶段的侵权、专利无效、国外专利陷阱，合作研发中的知识产权泄露、归属等知识产权风险；生产阶段中委托加工、配套生产等方式下的连带知识产权风险等。周文光和黄瑞华（2009）分析了在知识创造六个阶段中可能面临的知识产权风险，如知识获取阶段的侵权与知识选择不当的风险，知识利用阶段的新产品、新工艺、新服务被模仿侵权的风险等。丁秀好等（2009）按照知识的流动，将自主创新过程分为知识吸收、知识创造和知识应用三个阶段，并分析各个阶段的知识产权风险。

我国国内关于知识外溢、研发外溢的研究，主要集中于外商直接投资(foreign direct investment，FDI)，如外资企业、跨国企业等外商直接投资的企业和区域间贸易及产业内的溢出效应，并且基本上从宏观角度探讨知识溢出对经济增长率、集群企业投资行为、合作研发的影响（根据清华同方数据库检索结果)。王立平等（2007）总结了由于知识外溢的不同，而区分的四种知识外部性，即 MAR 外部性、Porter 外部性、Jacobs 外部性和租金外部性，其中，MAR 外部性、Porter 外部性来自同一产业的不同企业之间；Jacobs 外部性来自其他产业；租金外部性来自上游企业。黄志启和房路生（2009）对知识溢出效应研究进行了述评，发现知识溢出效应主要从两个层面展开：一是从宏观层面，探讨知识溢出对城市生产力和城市发展规模的影响；二是从微观层面，探讨知识溢出与网络、空间距离及研发聚集度之间的互动关系。由此可见，知识外溢的研究，大多在区域经济学的范畴内开展，同一行业不同企业之间由于知识转移扩散而形成的知识溢出，即 MAR 外部性的相关研究较为欠缺。

在知识外溢及其对独立企业 R&D 投资影响研究方面，李志伟（2007）运用博弈模型分析，模仿行为对企业 R&D 投资的影响。结果表明，知识溢出效应损害了领先者 R&D 项目的价值，如果不存在知识溢出效应，领先企业放弃 R&D 投资的概率才会显著下降。孙树垒（2010）认为，如果知识溢出水平较低，领头企业研发投资与知识溢出水平正相关，这是因为研发投资具有较高的成本节约效应，能够抵消知识溢出效应的消极作用。上述文献都是理论分析，尤建新等（2011）运用动态面板数据模型的实证研究方法，结合技术相近性概念，发现上海市不同产业间的大中型企业 R&D 投入的溢出效应对创新产出表现为弱的技术负外部性，产业间政府资助 R&D 溢出效应对创新产出表现为显著的正向溢出效应。但其选择的产业内的溢出更多地体现为不同产业间的“观念创造”，而非产业内的“模仿加强”的外部性（Los，2000）。

目前中国企业以吸收外资和合资的技术溢出为主，企业研发大多为单打独斗方式，企业之间的合作比较少（方海燕和达庆利，2008）。因此基于中国企业的研发现状，在企业被模仿侵权的知识产权风险方面，剔除外资企业、合资企业、合作企业、独立企业之间的知识及技术溢出与研发投资关系的实证研究还有待展开。

综上所述，目前国内外文献对知识产权风险及其对微观企业 R&D 投资的影响研究都是从单一风险来源出发，但知识外溢和法律诉讼形成的风险并存于企业之中，且不同行业所面临的风险程度存在较大差异，现有文献缺乏基于行业差异和双重风险来源对知识产权风险的行业描述与实证分析，在中国特殊的行业背景和弱知识产权保护现状下，相关的实证研究更有待于进一步展开。

2.2 知识产权保护与企业自主创新

在本章的上一节中，论述了知识产权风险的根源——知识的外部性，以及其对经济增长、企业和社会创新的影响。知识的正外部性，是从创新企业对整体社会的影响角度而言。从外部企业对创新企业的角度分析，知识则具有负外部性，即外部企业无需通过高成本的 R&D 投资活动而获得知识，其对该知识的应用使得创新企业应获收益受损，并且未对创新企业予以补偿。外部性理论中，对于负外部性内部化的研究，庇古和科斯均做出了重要贡献，而科斯定理更是对“庇古税”理论的一种扬弃。科斯定理强调，当交易费用不为零时，制度安排与选择的重要性。对于知识的外部性，知识产权制度的设立正是将其外部性内部化的重要手段。知识产权制度对创新者知识产权的保护，通过产权交易实现对创新者的补偿，从而内部化创新知识的外部性，避免了效率损失。沿着该理论思路，本书对制度变迁理论、知识产权对价论也进行了深入阐述，下文将予以详细介绍。

2.2.1　制度变迁理论

制度变迁理论认为，企业的自主创新具有外部性，市场机制只能导致创新不充分的结果，而知识产权制度能够通过降低交易成本和收益的不确定性，以及保护生产性努力所创造的财富来激励企业开展持续的创新活动。

在制度变迁理论中，制度用以协调人们的分工，在同一制度中，人们共享被制度所物化的知识体系，因此每个人事先就了解他人对自己行为的反应，这使得个人决策中的不确定性降低，因此也降低了交易成本（North，1990；汪丁丁，2003a，2003b）。知识产权制度是一种重要的制度结构。知识产权界定了创新者的权利和对侵权者的惩罚，界定了在知识扩散、知识溢出中的利益分配。由于创新者事先就能得知创新成果的受保护程度，而模仿者又由于“预期惩罚”的“信号桩”[①]作用而受到约束，所以创新成果交易过程中交易成本的下降（收益分配的明确性、侵权纠纷处理的及时合理性），可以使创新活动中收益的不确定性大大降低，从而促使企业家们积极地开展创新活动，使得知识产权制度发挥对创新的激励作用，如图 2-1（a）所示。

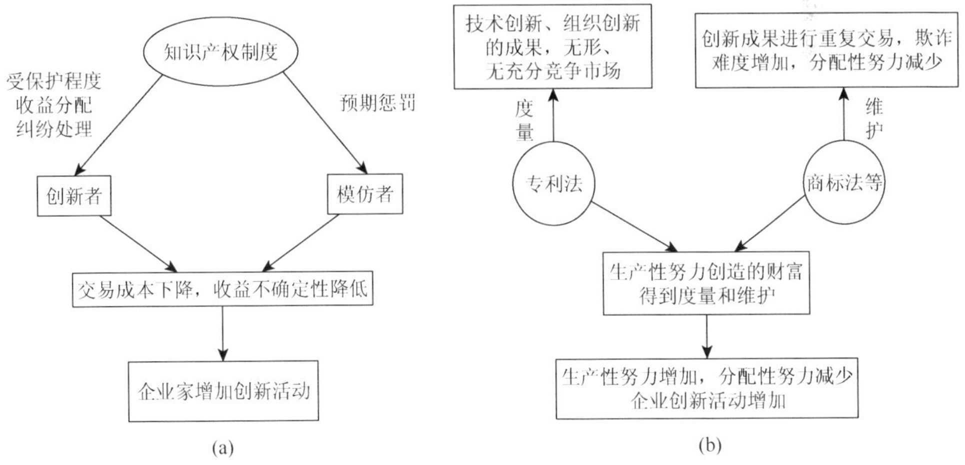

图 2-1　知识产权制度的保障激励机制——基于制度变迁理论的分析

① 邹薇（2002）论述了专利的“信号桩”作用。“专利其实是一种‘信号桩’（sign-post）体系，它间接约束着均衡市场上产品的数量、种类及可能发生纠纷的解决。”“如果把专利视为一个‘信号桩’系统，即使它并未认定某种产品的生产是违规的，但它的存在意味着一个很强的信号，即进入者对已获专利产品的侵犯越大，则预期的惩罚越大。”

关于生产性努力与分配性努力①的制度经济学分析，也能体现知识产权制度对于创新激励的重要作用。一个社会若想促进财富的持续增长，就必须鼓励生产性努力、抑制分配性努力。这种效应的实现，取决于生产性努力创造的财富量的度量及对它的维护与保证。盛洪（2003b）认为，如果创新的成果全部体现为企业的产品和资源，那么企业作为一个整体可以得到市场制度的度量，企业家的利益也就受到了市场制度较为准确的界定。但某些技术创新、组织创新的结果往往是一种想法（知识），它们是无形的，不能通过批量生产而形成充分竞争的市场，同时具有很强的外部性又容易被抄袭模仿，因此市场制度无法准确度量。而专利法对创新机制做出的某种简单的制度上的规定，可以弥补市场制度对这类创新成果无法度量的缺陷。在正当利益的维护和保护方面，企业的“自由进入”促进市场充分竞争，使重复交易增多，欺诈行为等分配性努力就会随着欺诈难度的增加而减少，而生产性努力则增加。商标和商誉的维护得益于商标法这一法律公共产品的规模效应。该规模效应使得企业维护费用大幅度降低，使维护企业的商标商誉成为可能，重复交易得以保障。因此侵权等分配性努力得到抑制，企业投入资源提高产品质量和服务的生产性努力也得到了激励。专利法、商标法等知识产权制度弥补了市场制度的缺陷，减少了模仿、欺诈的分配性努力，激励了企业自主创新的生产性努力，如图 2-1（b）所示。

2.2.2 知识产权对价论

知识产权对价论从创新的让渡与补偿角度，阐述知识产权制度对企业创新激励作用的发挥。Trebilcock 和 Howse（1995）认为，模仿者的“搭便车”行为是企业创新不足的核心问题，除非发明或创造的社会价值得到充分补偿，否则从事发明或创造就是次优的激励措施，企业就不会得到充分的发展。徐瑄（2003，2009）对知识产权的正当性进行了系统的诠释，同时论证了知识产权制度是对知识活动的激励机制，并揭示了该激励机制运行的条件。

知识产权法调整的对象是智慧信息，而智慧信息只有经由人表达才具有外部性，才能被使用、传播，才可以被纳入到受保护的范围。而人的“表达自由”则是一项基本人权，宪政（知识产权制度）的责任和目标在于“促进表达”。但这一目标同时具有个人目标和公共目标的双重特性，即既要保护个人的、特定的智慧表达，激励个人的创造，将创造的智慧表达出来并加以使用；又要体现智慧信息的共享性，促进知识的积累，从而创造出更多的信息与机会，实现知识经济、信

① 生产性努力，即一个人为了获得收入而进行的创造新财富的活动。分配性努力，即一个人将别人已有的财富转变为自己财富的活动。

息经济的繁荣。这种激励机制的运行条件就在于"对价"，即表达自由权的让渡与补偿的衡平点，承认先占人（智慧信息的先表达人）的财产权，同时允许其让渡表达自由权和经济机会给他人。他人以各方允诺的条件补偿给让渡人，这样就形成了不同知识活动主体间自由的"对价"和衡平条件，实现了表达自由的帕累托改进，使自由和自由的交易能够持续发生，从而实现知识公域和知识私域的双重目标，如图 2-2 所示。

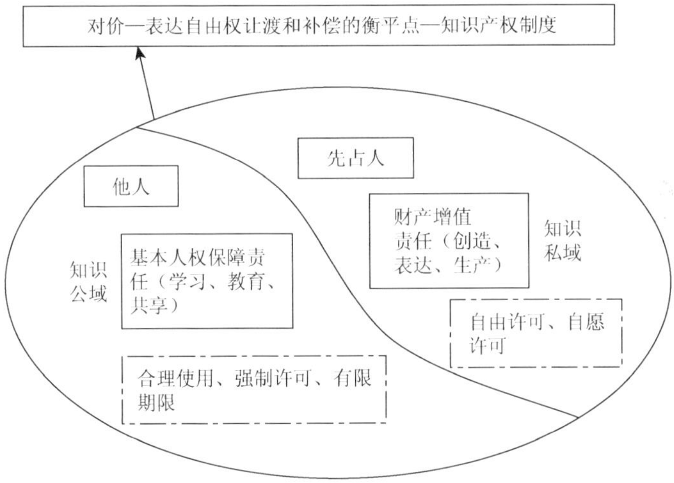

图 2-2　知识产权制度的"对价"分析

就企业这一主体来说，创新的成果，无论是企业的发明、著作、商业秘密，还是企业的商标、识别性标记等，其表达出来就会成为创新成果的先占人，具有法律所承认的财产权，他人不可无偿侵占。同时其可以从让渡成果中获得"对价"的补偿，从而激励企业持续进行创造、积极表达（申请专利、注册商标、技术使用等）、成果让渡（特许经营、技术转让等），从而实现企业的财产增值，维持企业可持续的良性发展。这种成果让渡，以及强制许可制度、有限期限制度所要求的，对智慧信息、创新成果破除垄断的共享，使得整个社会能获得更多的信息和机会，得以实现知识经济、信息经济的繁荣。这就是知识产权制度对创新的激励机制。

2.2.3　知识产权保护与企业 R&D 投资

理论上，知识产权保护能够保障企业自主创新绩效的实现，激励企业创新投入的持续发生。那么在实践中，知识产权保护的力度，对企业自主创新投入与绩效的影响如何？具体的知识产权制度应当怎样设计，才能更有利于企业自主创新？在中国，存在照搬国外笼统的知识产权法律、效率低下与疏漏颇多的执法现状，这些现状是否限制了知识产权制度应有的作用发挥？下文的文献综述将围绕这些问题展开。

1. 知识产权保护力度对企业自主创新投入的影响

自 Park 和 Ginarte 于 1997 年创立了衡量一国知识产权保护水平的定量指标之后，围绕一国知识产权保护力度与企业 R&D 投入的实证分析便大量涌现。表现在这些方面：①知识产权保护力度激励了本国企业的 R&D 投入。Park 和 Ginarte（1997）基于 60 个国家的数据进行了实证研究，发现知识产权保护力度对一国的物质资产投资、R&D 投资有正的作用，并且提高了一国的经济增长率。Kanwar（2007）验证了知识产权保护力度指数（GP index）对创新投入（R&D 支出占国内生产总值）的积极影响。②知识产权保护力度影响外商直接投资对本国企业 R&D 投入的方向和模式。Kumar（1996）的研究表明，一国的知识产权保护力度影响外商直接投资中 R&D 的投入方向，即知识产权保护力度强，外商直接投资倾向于投入创新性或与新产品相关的 R&D。Zhao（2006）分析了在弱知识产权保护力度国家，跨国企业仍大量进行 R&D 投资，但多为内部关联度高、互补型的 R&D。③知识产权保护力度，通过改变市场结构影响企业 R&D 投入。Schumpeter（1942）肯定了专利制度的必要性，因为运用专利有利于企业占据行业的垄断地位，获得短暂的垄断租金，进而提高其研发倾向，从而起到激励企业创新的作用。Gilbert 和 Newbery（1982）认为，如果存在完全的知识产权保护，则会形成寡占性的市场结构，此时寡占企业常常抢先取得技术创新，但潜在进入者也可能由于创新，一举成为新的寡占企业而具备高的创新动力。

中国国内的相关实证研究，在改进了衡量知识产权保护力度的基础上，基于中国的相关数据进行了分析。Lin 等（2010）利用中国不同城市企业的问卷调查数据，在控制了政府的“帮助之手效应与掠夺之手效应”、产权性质之后，验证了产权保护的制度质量（契约签订、法律支持）对企业 R&D 的参与、R&D 强度的积极影响。韩玉雄和李怀祖（2005）、沈国兵和刘佳（2009）通过加入“执法力度”（社会法制化程度、法律体系的完备程度、经济发展水平、国际社会的监督与制衡机制）对知识产权保护力度进行了修正，使得知识产权保护力度评价结果更符合中国实际情况。易先忠等（2007）运用韩玉雄和李怀祖（2005）改进后的知识产权保护力度实证，得到了弱知识产权保护力度促进了以模仿为主的技术进步的结论。解维敏和唐清泉（2008）对 2003～2005 年的中国上市公司进行实证分析，认为知识产权保护力度水平（樊纲等，2007）、区域性知识产权保护指数能够激励企业开展 R&D。

2. 知识产权保护力度对企业自主创新绩效的影响

知识产权保护对企业创新产出、创新收益的保障是该机制有效运行的关键。实证文献中采用了不同的方法衡量知识产权保护力度与创新绩效的关系。知识产权保护力度的衡量，主要是沿用或改进了 Park 和 Ginarte（1997）所创立的知识产权保护力度指数。该指数从知识产权保护的覆盖范围、是否为国际条约的成员、权利丧失的保护、执法措施、保护期限五个方面来评价一国的知识产权保护力度。对创新绩效的衡量则主要分为研发投入的市场价值指标和以专利为基础的指标[①]两类。

（1）第一类研究集中于知识产权保护力度对企业研发投入的市场价值的影响。Greenhalgh 和 Rogers（2006）认为，在知识产权保护力度强，即竞争程度低、存在一定垄断的市场中，R&D 收益较高、专利资产的收益较高。Arora 等（2007）的实证分析表明，专利保护产生正的专利溢价（企业的发明由于专利化而获得的增值部分），尤其在医药、生化和医疗器械行业较为显著，并且专利保护也刺激了所有制造行业的 R&D 支出，但其效应随行业与规模而变。Chadha 和 Oriani（2010）实证研究却发现，在印度较弱的知识产权保护下，印度企业研发支出的市场价值比同期的美国与欧洲企业的市场价值要高。

（2）第二类研究集中于知识产权保护力度对企业专利产出的影响。专利被认为是创新产出的最佳代表，不少文献探讨知识产权保护力度对企业专利申请量、专利授予量的影响，结果基本为积极影响。Chen 和 Puttitanun（2004）实证研究验证了知识产权保护力度对专利申请量的积极影响。Gaetan 和 Bruno（2009）分析了研发效率和专利倾向，在控制了其他因素后，发现知识产权保护力度与创新产出（专利申请数）呈正相关。

然而，具体到中国，类似的研究结论则是，知识产权保护力度对创新绩效的影响不显著。李平等（2007）运用 1984～2004 年统计数据，分析了中国研发投入的投入-产出关系。在中国的知识产权保护水平下，中国国内研发资本存量与从国际外商直接投资外溢中获得的研发资本存量对国内专利申请数产生了消极影响，即研发资本存量抑制研发绩效。Hu 和 Jefferson（2009）探讨了导致中国专利爆炸（专利申请量剧增）的背后因素，发现知识产权法修订只是较小的一个影响因素。Yueh（2009）调查得到，在中国的知识产权保护水平下，不同区域的专利申请量存在较大差别，但专利授予率差别不大。

① 包括专利申请量或专利授权量指标。

3. 知识产权制度设计对企业自主创新的影响

专利制度是使用最为广泛的知识产权制度，因此大量文献集中讨论专利制度的具体设计，如专利保护期限和保护范围、对侵权的定义、专利申请条件（新颖性、创造性、实用性）及"bolar 条款"等，以此来分析其对企业的创新的影响。Green 和 Scotchmer（1995）、Scotchmer（1996）、Denicolo（1996）认为从专利的保护期限和保护范围来讲，拓宽专利权利对 R&D 支出和创新率产生积极影响。Sakakibara 和 Branstetter（2001）分析了 1988 年日本的专利改革，认为改革拓宽了专利权利保护范围，但是并未对企业的 R&D 投资和创新产出产生积极影响。Chu（2009）认为，专利宽度通过领先宽度和滞后宽度来保护领先发明者的利润，提供了 R&D 动机，相应抑制了后续发明者的 R&D 动机。Chu（2010）理论分析了专利保护期限在给定的专利价值折旧率下对企业 R&D 的影响，缩短保护年限（20 年）会使企业 R&D 投资显著下降，但延长保护年限对企业 R&D 的增长并不显著。Bessen 和 Hunt（2007）运用连续创新的模型分析发现存在一种"可专利性"的标准（非易见性或创造性，在美国专利法中称之为"nonobviousness"，欧洲专利条约中称为"incentive step"），使得创新率最大化。

也有学者研究其他知识产权制度设计的影响。Penin（2005）认为专利的保护作用有限，商业秘密保护、领先时间、有效服务等其他机制对收益占用的作用更大。Bulut 和 Moschini（2006）认为商业秘密保护在专利制度之外，能够提供额外的创新激励，从而使得企业的 R&D 项目投资更趋向于社会最优水平，但这种效应由反向工程的难易而因行业而异。Lerner 和 Zhu（2007）运用事件研究法分析了美国"Lotus vs Borland decision"之后，得出著作权对计算机软件的保护程度下降，企业趋向于使用专利来进行保护，并且这种转变也增加了企业 R&D 支出与营业收入的结论。Aija 和 Justin（2009）分析了小企业创新的知识产权保护策略，表明了除非与大学或科研机构有合作研发，否则小企业往往采用市场领先、商业秘密等非专利保护策略。中国国内在这一领域的研究则相对缺乏，更无相关实证文献。

2.3 行业特征与企业自主创新

Grullon 等（2008）认为，行业因素对上市公司而言是一种重要的外部治理机制。Adam 等（2007）、连玉君等（2011）认为，行业特征（如竞争程度、需求弹性、生产效率等）会导致行业间财务行为的异质性，从而表现出显著的行业差异。产业组织理论体系中，市场结构-企业行为-市场绩效（structure-conduct-performance，SCP）范式，也表明不同行业中市场结构的差异将导致不同的企业行为，进而影响市场绩效。其中，市场结构对企业创新的影响，更是引起了广泛的关注和争论，下文将对此进行回顾和评述。

2.3.1　产业组织理论

产业组织理论于 20 世纪 30 年代开始兴起。该理论主要研究特定行业内部的市场结构、企业行为和市场绩效，以及三者之间的内在联系。19 世纪末，马歇尔等经济学家认识到经济活动中存在垄断现象，认为垄断行为导致垄断利润的产生和市场均衡价格的提升，不利于资源的最优配置。1936 年，张伯伦（Chamberlin）和罗宾逊（Robinson）提出垄断竞争理论，引起了学界的广泛关注。他们认为，当市场结构处于垄断竞争状态时，垄断厂商的“市场力量”足以决定其价格高于市场均衡价格，不会在长期内使利润趋近于零，从而形成垄断利润。那么这种垄断竞争的市场结构，对市场效率有何影响，何种市场结构类型才是最优的，政府是否需要采取措施来降低垄断程度等一系列问题的出现，使得产业组织理论在对这些问题的探讨和争论中产生与发展起来。

产业组织理论的基本体系由市场结构、企业行为和市场绩效三个基本范畴构成。对三者之间因果关系的讨论构成了产业组织理论的基本分析内容，形成了 SCP 范式的基本分析框架。SCP 范式中，S 是市场结构，是指在特定的市场中，企业之间在数量、市场份额、企业规模上的相互关系，这些关系形成市场上不同类型的竞争形式，包括完全竞争、垄断、垄断竞争和寡头垄断四种基本形式。划分市场结构的因素包括买方集中的程度（购买者数量）、卖方集中的程度（市场份额、市场集中度）、市场壁垒和产品差异性。C 是企业行为，包括企业如何确定发展目标和战略、企业采取的竞争行为（如产品定价、营销方案、并购与创新投资等）。P 是企业采取竞争行为后在市场上的收益与运营效果，如会计收益、市场收益、股市反应、技术水平等（马建堂，1992）。SCP 范式中，市场结构决定企业行为，企业行为导致不同的市场绩效。

2.3.2　市场结构与企业创新

在产业组织理论的 SCP 范式中，决定企业行为的重要一环是市场结构对企业创新的影响，大量文献阐述垄断或竞争的市场结构对企业创新的影响。20 世纪 60 年代以来，西方经济学界围绕市场结构对企业创新的影响，展开了持续的激烈争论。争论的焦点为熊彼特假说与阿罗假说，一大批学者对该争论进行了深入的分析与检验，且主要集中于对市场集中度、企业规模及企业创新投入产出之间关系的分析与检验。

Schumpeter（1942）分析了市场力量与企业规模对企业创新的重要性，并提出两个著名的假说，即熊彼特假说与阿罗假说。其中，熊彼特假说：①大企业相对于小企业，技术创新能力与技术创新的倾向性更高，企业规模与其 R&D 投资正相关；②适度的市场集中有利于保持企业的技术创新动力，R&D 投资与市场集中度正相关。该假说的理论依据为，R&D 投资需要高额的资金、人员投入，成本高昂，但同时由于 R&D 项目的技术不确定性高、风险较大，以及企业为了技术保密，往往不愿意披露相关的 R&D 信息，而造成信息的不对称，进行 R&D 投资的企业，其外部融资也困难重重。因此规模较大、市场集中度较高的企业，由于规模经济能够分摊巨额的投资成本，或能够进行多元化的 R&D 项目投资，以降低投资的不确定性；或由于市场集中度高，能够获得较高的 R&D 投资收益、超额利润甚至垄断利润，从而具有保证 R&D 投资的资金支持和外部融资支持，并进一步促进了其持续开展 R&D 投资。

Arrow（1962）则认为，竞争性的市场结构更能鼓励企业进行 R&D 投资。其理论依据为，在竞争产业中，创新者一旦创新成功，能够获得全部的潜在收益，其创新动力充足。但在垄断产业中，中小企业即使能够创新成功，其创新收益仍然可能由于垄断企业的存在而丧失一部分，因此会降低其创新的意愿。与此同时，垄断企业由于有较高的利润率，缺乏市场竞争的威胁，其进行 R&D 投资和技术创新活动的兴趣不大。因此总体而言，在竞争性的市场结构中，企业开展 R&D 投资的动力更大。

在熊彼特假说和阿罗假说的基础上，后续学者通过加入假定条件，考察竞争企业与垄断企业初始产出相同的情况（Demsetz，1969），或考察竞争对手对市场不确定的影响（Kamien and Schwartz，1972，1974，1976，1978a，1978b）及行业内企业之间的策略互动性因素（Kamien and Schwartz，1972，1974，1976，1978a，1978b；Lee and Wilde，1980；Grossman and Shapiro，1987），所得到的结论都存在相当大的差异。而基于不同假说的实证研究，由于数据样本、企业创新及市场结构的衡量指标、调节变量、计量方法的不同，关于市场结构（市场集中度、企业规模）对企业 R&D 投入及 R&D 产出的三种基本关系（正向关系、负向关系、倒“U”形关系）均存在大量支持的文献，Subodh（2002）、吴延兵（2007）均对此部分文献进行了详细的综述，本书不再赘述。

相对于上述文献对市场集中度这一市场结构变量的重视，市场结构另外的组成要素：产品差异性、市场壁垒并未在众多的文献中得到深入研究，而仅作为市场集中度与企业创新关系研究中的调节变量或控制变量。

产品差异性，一般采用产品属于耐用消费品、中间投入品还是快速消费品的分类标准加以区分。Comanor 和 Wilson（1967）认为快速消费品和原料投入品的产品差异性大，耐用消费品和投资品的产品差异性小。其实证研究发现，产品差异性小的行业，即快速消费品和原料投入品的生产行业中，市场集中度对 R&D 人数的影响作用更大。在此类行业中，高市场集中度及垄断企业更倾向于投入更多研发人员开展产品创新，并占领市场。Ronald（1978）根据不同行业的投入产出变量，采用因子分析法将产品市场特征分为四类：材料、投资品、耐用品和非耐用消费品，并据此划分不同的行业。在不同的行业中，由于产品市场特征不同，竞争者进行模仿的速度也不同，这将显著影响市场集中度与企业创新之间的关系。在非耐用消费品行业中，寡头垄断企业更有动力进行 R&D 投资，以防止其他企业模仿，动摇其垄断地位。在耐用品行业中，垄断企业的创新动力则有所降低。

对市场壁垒的调节作用进行研究的文献相对较少。市场壁垒又称贸易壁垒，“市场壁垒研究之父”——贝因，1965 年从经济壁垒的角度出发定义市场壁垒，市场壁垒是指能够导致潜在进入者与已存厂商相比，处于不利的竞争地位的因素，或者使得已存厂商能够在长期内获取常态利润的因素，克服这些因素将导致新入者成本的提高。市场壁垒具体包括消费者偏好、成本障碍、规模经济和市场容量（马建堂，1992），即消费者对已存商品的偏好、在位企业拥有在成本和规模上的优势、较小的市场容量、难以分割的市场份额，都会对潜在进入的企业造成市场壁垒，阻碍其进入市场。Rosenberg（1976）用资本密度（资产总额/就业人数）、广告费用销售比（广告费用/销售额）、规模经济表示经济壁垒，并将这些因素作为控制量，研究企业市场份额、企业规模、市场集中度对企业 R&D 人员强度的影响。研究表明，市场集中度对 R&D 人员强度有显著正影响，企业市场份额对 R&D 人员强度有显著负影响，而企业规模对 R&D 人员强度并没有显著影响。经济壁垒只是市场壁垒的一种情况，市场壁垒还存在技术壁垒、行政壁垒等。技术壁垒是指现存企业对该行业生产关键技术的垄断，或者是获取关键技术的各种障碍。技术壁垒分为差异技术壁垒和创新技术壁垒，前者是在某项技术存在应用、设计的差异时形成的；后者是在某项技术具有独特的创新性或明显的优势，并申请了专利等知识产权时形成的，具有垄断优势。行政壁垒在自由市场较为发达的西方文献中并未受到重视，而在中国的转型经济中则较为重要。陈林和朱卫平（2011）认为，行政壁垒指的是政府部门运用行政权力，通过相关的法律法规，限制或禁止某些企业进入指定产业从事生产、交易的一项经济制度。我国各级发展和改革委员会、经济贸易委员会往往是掌控行政壁垒的主要部门。它们将某行业中，国有资产的比重和国有资本的比重作为行政壁垒的代理变量，体现国有产权的市场控制力。研究发现，在行政壁垒不同的产业中，企业创新与市场结构（市场集中度）之间的关系不同。

2.4　本 章 小 结

2.1 节从外部性理论回顾出发，由知识的外部性及其对效率的影响，引出知识产权风险概念，并对知识产权风险与企业 R&D 投资关系的相关理论与实证文献进行综述。知识的正外部性所产生的规模递增是经济增长的源泉，但对于新知识的生产者，知识则具有负外部性，这将导致知识生产量不足，即创新不足的后果。本章进而将知识的这种负外部性纳入企业知识产权风险的范畴，探讨知识外溢导致知识产权风险的作用机理，综述相关实证研究文献发现，由于概念界定、变量衡量及研究对象的不同，实证结果莫衷一是。具体而言，国内外文献均更为重视知识外溢风险，而忽视知识产权法律风险，并且在知识外溢程度的衡量、对知识外溢作用双方的选取上各自为政。此外，知识外溢程度往往从行业层面进行衡量。但国外相关文献，仅仅是简单地计算不同行业的知识外溢程度，并未依据不同的行业特征，分析知识外溢程度的行业差别，以及进一步分析其对同样存在行业差别的企业 R&D 投资的影响。并且在行业内部，竞争者对知识外溢的吸收对于创新者的收益影响更大，其外部性效用更大。但针对行业内部的知识外溢及知识产权风险对企业 R&D 投资的影响，其实证研究则几乎空白。

国内文献则主要基于知识产权风险的产生机制和自主创新的阶段，分析知识产权风险的类型和表现，未结合中国的弱知识产权保护现状进行深入探讨，并且缺乏基于不同的行业特征、知识产权风险程度和类型的分析。知识外溢与知识产权风险密切相关，国内文献对独立企业 R&D 投资影响的实证研究也较为缺乏。此外，国内的文献以知识产权风险的定性研究和基于企业调查问卷的案例研究为主，而极少检验知识产权风险对企业 R&D 投资的影响。因此，有必要基于中国知识产权保护现状、知识产权风险、中国企业 R&D 投资现状，开展进一步的理论分析与实证检验。

2.2 节基于外部性理论、制度变迁理论、知识产权对价论，论述知识产权制度对企业知识产权予以保护，从而内部化知识的外部性，激励企业 R&D 投资。对提高创新绩效的理论文献进行了回顾分析，并从知识产权保护力度对企业 R&D 投资和对企业 R&D 投资绩效的影响两方面整理相关实证研究文献。这一部分的研究相对成熟，并且结论基本支持了知识产权保护能够发挥积极作用的观点。然而，由于知识产权保护水平只能基于宏观数据在全国层面上进行衡量，而知识产权保护水平和企业的创新投资行为，在行业或企业微观层面上却存在显著性的差异，所以也需要在研究层面上开展更为深入、细致的分析与检验。

2.3 节基于产业组织理论，对 SCP 范式研究下，市场结构对企业自主创新的文献进行了相关回顾。市场结构因素中，市场集中度得到了广泛的重视，市场集中度对企业自主创新的作用从熊彼特假说与阿罗假说之争开始，一直存在分歧，但实证分析中由于样本选择、变量设计等因素的差别，并未得到一致的结论。而市场结构其他的组成要素，如产品差异性、市场壁垒并未在众多的文献中得到深入研究。此外，本书笔者发现上述文献一般是从市场力量（市场集中度、企业规模）对企业 R&D 投资能力及收益能力的影响，进而影响企业 R&D 投资量的思路来进行分析。但在存在市场竞争的市场结构中，竞争者或潜在竞争者的行为也是极为重要的，企业进行 R&D 投资不仅要依据自身能力，同时对其他企业的竞争行为进行反馈互动也是必不可少的。尤其是企业的 R&D 投资，相对于其他投资具有较高的外部性，对其他企业造成外部性的效应，也反作用于创新企业。因此，有必要将市场结构与创新的外部性、知识的外部性理论相结合，分析其对企业自主创新行为的影响，即分析市场结构的各因素如何影响企业之间的知识外溢、创新风险，从而导致不同的企业自主创新行为这一作用路径。

综合上述分析，知识产权风险、知识产权保护、企业自主创新行为都存在显著的行业差异，但现有文献并未从行业特征影响知识外部性、知识产权风险，进而导致不同企业自主创新行为的思路进行理论分析，国内文献更是缺乏相关的实证研究。本书从市场结构因素与行业内部不同竞争地位企业之间的策略互动性，分析行业特征、知识产权风险与企业自主创新行为之间的关系，并在构造行业知识产权风险衡量体系、竞争距离权重矩阵的基础上，对两部分研究设想进行实证检验，以期从新的视角和新的研究层面上丰富我国国内的相关研究。

第3章　制度背景与现状分析

3.1　产业创新发展

进入21世纪，在经济全球化的同时，科技发展也呈现出全球化趋势，并在国家战略中处于核心地位。中国作为发展中国家，正积极完善创新体系、加大科技投入、建立产业技术联盟，从而提高自主创新能力、推进中国科技创新和产业化的发展。

3.1.1　国家科学技术发展规划中的产业创新政策

产业创新体系是国家创新能力的主体与核心，在中国的科学技术规划与科技计划发展的过程中，产业创新政策历来都占据重要的政策地位，成为战略部署的重点。中华人民共和国成立后就开始筹备科学技术规划，以支持宏伟的经济目标的实现。1956年，国务院组织科学研究计划工作小组，完成了《1956—1967年科学技术发展远景规划》的科学技术报告，该报告对中国科技体制的形成、科研机构的布设、科技队伍的培养、科技管理体系的形成及高等院校学科和专业的调整起到了决定性的作用。1960年，党中央要求各行各业按照八字方针（“调整、巩固、充实、提高”）对工作进行调整，帮助各研究机构做好工作。随后，在《十二年科技规划》执行的基础上，国家科学技术委员会（以下简称国家科委）负责组织制订了《1963—1972年十年科学技术规划》，其中包括纲要、重点项目规划、事业发展规划、农工医等专业规划、技术科学规划、基础科学规划共六个部分，初步对产业创新工作提出了专业的科学规划。1978年，全国科学大会上审议通过了《1978—1985年全国科学技术发展规划纲要》，确定了8个重点发展领域、100多个重点研究项目。1982年，中央将主要的规划内容调整为38个重点攻关项目，并以国家科技攻关计划的形式颁布实施，成为中国的第一个国家科技计划，此“六五”国家科技攻关计划确定了重点发展的领域及项目，为产业科技攻关、技术发展指明了方向。

1982年底，国务院通过了国家计划委员会、国家科委的《关于编制十五年（1986—2000年）科技发展规划的报告》，其中包括《1986—1990年全国科学技术发展规划纲要》和《1986—2000年全国科学技术发展规划纲要》及12个领域的技术政策（其中在 1988 年又增加了两个领域），并相继出台了国家高技术研究发展计划（863 计划）、火炬计划、星火计划、国家自然科学基金等科技计划。一方面，这些科技计划保证了规划的实施；另一方面，为国家管理科技活动和配置科技资源提供了探索的方向。

随着技术与经济的发展，中国对前期规划的目标和内容进行了修正，如 1991 年 12 月，国务院审议并原则通过了《国家中长期科学技术发展纲领》（以下简称《纲领》）。《纲领》全面总结了过去 40 多年科技事业发展取得的成就，阐明了国家中长期科学技术发展的战略目标、相关政策和发展重点。2006 年 2 月，国务院审议并通过《国家中长期科学和技术发展规划纲要（2006—2020 年）》（以下简称《规划纲要》），重点选择了 27 个行业领域，对其中涉及的重大任务列明了详细方案。

根据《纲领》，国家发展和改革委员会、科学技术部相继编制了“八五”计划、“九五”计划、“十五”计划、《国家“十一五”科学技术发展规划》和《国家“十二五”科学和技术发展规划》。1991 年，颁布的《中华人民共和国科学技术发展十年规划和“八五”计划纲要（1991—2000）》，明确未来十年和五年的科技发展目标和任务。2001 年，发布的《国民经济和社会发展第十个五年计划科技教育发展专项规划（科技发展规划）》，在“促进产业技术升级”和“提高科技持续创新能力”两个层面进行战略部署。在《“十五”科技发展规划》制订的同时，研究还提出了“3+2”的计划体系，“3”指三个国家主体科技计划，即国家重点基础研究发展计划（973 计划）、攻关计划和国家高技术研究发展计划（863 计划）；“2”指两个环境建设，即科技产业化环境建设和研究开发条件建设。2006 年，发布了《国家“十一五”科学技术发展规划》，集中力量加强关键技术攻关，并组织实施一批重大专项，超前部署前沿技术，持续支持基础研究。未来继续实施的国家级主体科技计划包括 863 计划、973 计划、国家科技支撑计划，以及政策引导类计划和科技基础条件平台建设等。2011 年，科学技术部发布了《国家“十二五”科学和技术发展规划》，致力于解决科技发展制高点，对国家科技重大专项的实施；加快产业结构优化升级，促进战略性新兴产业的培育和发展；满足对民生具有改善效应的重大科技项目，前瞻性部署重大科学问题相关研究，促进中国科技发展的战略性实现。

本书将中国科学技术规划与科技计划发展历程中产业创新政策的相关内容进行整理总结，如表 3-1 所示。

表 3-1　国家科学技术规划与科技计划中的产业创新政策汇总表

发布时间	科学技术规划与科技计划	产业创新政策
1956 年	《1956—1967 年科学技术发展远景规划》	从 13 个方面提出了 57 项重要的科学技术任务。这 13 个方面是：①自然条件及自然资源；②矿冶；③燃料和动力；④机械制造；⑤化学工业；⑥建筑；⑦运输和通信；⑧新技术；⑨国防；⑩农、林、牧；⑪医药卫生；⑫仪器、计量和国家标准；⑬若干基本理论问题和科学情报

续表

发布时间	科学技术规划与科技计划	产业创新政策
1963 年	《1963—1972 年科学技术发展规划纲要》	农业、工业、资源调查、医药卫生等方面的各种专业规划
1978 年	《1978—1985 年全国科学技术发展规划纲要》	集中力量，在农业、能源、材料、电子计算机、激光、空间、高能物理、遗传工程等 8 个影响全局的综合性科学技术领域、重大新兴技术领域和带头学科，做出突出成绩
1983 年	“六五”国家科技攻关计划	“六五”攻关计划涉及农业、消费品工业、能源开发及节能、地质和原材料、机械电子设备、交通运输、新兴技术、社会发展 8 个方面的 38 个项目。在 38 个项目中又选出了对国民经济全局关系重大的 7 个重中之重项目：①农畜育种技术及繁育体系；②大规模集成电路工业化生产技术及装备的开发，计算技术的开发；③能源开发及节能技术；④化纤纺丝工艺及织物印染和整理技术；⑤石油化工深度加工及综合利用研究；⑥金川、攀枝花、包头三大共生矿的综合利用研究，贫红铁矿选矿技术，国防、电子工业等急需的关键材料；⑦研制新型的轧钢、发电、海上石油钻探和开采等大型成套设备
1986 年	国家高技术研究发展计划（863 计划）	863 计划致力于发展具有自主知识产权的高技术，统筹高技术的集成和应用，引领未来新兴产业发展，在当时跟踪研究外国战略性高技术发展的基础上，首批列入高技术领域的 7 个领域包括：生物技术、航天技术、信息技术、激光技术、自动化技术、能源技术和新材料技术。 同时，始终紧跟世界高技术发展前沿，至 2012 年将初期的 7 个高技术领域调整至 10 个：现代交通技术、新材料技术、地球观测与导航技术、信息技术、生物和医药技术、先进制造技术、海洋技术、先进能源技术、资源环境技术、现代农业技术领域
1988 年	火炬计划	发挥中国科技力量的优势和潜力，以市场为导向，促进高新技术成果商品化、高新技术商品产业化和高新技术产业国际化；主要任务在于创造适合高新技术产业发展的环境，建设高新技术产业开发区，高新技术创业服务中心，并通过火炬计划项目引导实施火炬计划。火炬计划项目的重点发展领域是：电子与信息、生物技术、新材料、光机电一体化、新能源、高效节能与环保
1991 年	《国家中长期科学技术发展纲领》	我国科学技术的若干重要方面要实现以下目标：一是掌握一批事关国家竞争力的装备制造业和信息产业核心技术，制造业和信息产业技术水平进入世界先进行列。二是农业科技整体实力进入世界前列，促进农业综合生产能力的提高，有效保障国家食物安全。三是能源开发、节能技术和清洁能源技术取得突破，促进能源结构优化，主要工业产品单位能耗指标达到或接近世界先进水平。四是在重点行业和重点城市建立循环经济的技术发展模式，为建设资源节约型和环境友好型社会提供科技支持。五是重大疾病防治水平显著提高，艾滋病、肝炎等重大疾病得到遏制，新药创制和关键医疗器械研制取得突破，具备产业发展的技术能力。六是国防科技基本满足现代武器装备自主研制和信息化建设的需要，为维护国家安全提供保障。七是涌现出一批具有世界水平的科学家和研究团队，在科学发展的主流方向上取得一批具有重大影响的创新成果，信息、生物、材料和航天等领域的前沿技术达到世界先进水平。八是建成若干世界一流的科研院所和大学以及具有国际竞争力的企业研究开发机构，形成比较完善的中国特色国家创新体系
1991 年	《中华人民共和国科学技术发展十年规划和“八五”计划纲要（1991—2000）》	1991～2000 年重点发展农业科学技术、工业科学技术（能源、交通运输与通信、材料工业、机械电子、消费品工业）、社会发展方面的科学技术（人口科学、气象科学、环境科学、医药科学、公共设施建设）、高新技术和高新技术产业（电子、信息、生物、新材料、航空航天、自动化、新能源、激光和海洋）
1998 年	国家重点基础研究发展计划（973 计划）	紧紧围绕农业、能源、信息、资源环境、人口与健康、材料等领域国民经济、社会发展和科技自身发展的重大科学问题，开展多学科综合性研究，提供解决问题的理论依据和科学基础

续表

发布时间	科学技术规划与科技计划	产业创新政策
2001 年	《国民经济和社会发展第十个五年计划科技教育发展专项规划（科技发展规划）》	“十五”期间科技发展的重点任务是：①加快产业技术升级。把农业科技放在科技工作的首要位置，以农产品深加工为龙头，优化农业结构；实施“信息化带动工业化”的发展战略，运用以信息技术为代表的高新技术改造传统产业，以装备制造业为突破口，重点解决产业升级所面临的重大共性和关键技术难点，发展能源工业、交通运输业、材料工业、轻纺工业；突破高新技术产业发展的核心技术，加快成果转化，建设高新技术产业基地和高新技术产业园区。②通过加强对水资源、医药卫生、环境保护、矿产资源、社会事业的技术突破促进社会发展。③集中力量在信息技术、生物技术、新材料技术、先进制造与自动化技术、能源技术、资源环境技术、航空航天技术等领域的突破，提高自主创新能力，实现跨越式发展
2001 年	《“十五”国家科技攻关计划实施纲要》	①重点攻克一批对促进农业技术进步、增加农民收入具有显著推动作用的重大关键技术。②重点攻克一批对产业升级带动性大、覆盖面广、关联度高的关键技术及其配套集成技术，到 2005 年使中国信息产业、装备制造业、基础工业等若干重点产业领域的整体技术和装备水平力争接近或达到发达国家 20 世纪 90 年代中期水平，部分大中型企业或企业集团的整体技术水平达到或接近世界先进水平，提高重点产业的国际竞争力。③重点攻克与人口、资源、环境协调发展以及国家安全密切相关的重大关键技术。④通过实施攻关计划，促进企业成为技术创新的主体，培养一支精干的科技攻关队伍，建立一批具有国际地位的技术创新基地
2006 年	《国家“十一五”科学技术发展规划》	立足于当前国民经济和社会发展的紧迫需求，把能源、资源、环境、农业、信息、健康等关键领域的重大技术开发放在突出位置，加强公益技术和产业共性技术的研发，注重以重大产品和支柱产业为中心的集成创新和应用，结合重大工程建设和重大装备开发，强化集成创新和引进消化吸收再创新，不断提高中国主要行业和产业的自主研发能力。①优先发展能源、资源与环境保护技术。②加强产业关键共性技术攻关，确定农业、制造业、材料工业、交通运输业、信息产业及现代服务业的重大项目。③加强社会发展领域的公益性技术研究，把人口健康、公共安全、城镇化与城市发展领域的科技创新置于科学技术发展的重要地位。④积极推进高新技术产业化与先进适用技术推广
2007 年	《当前优先发展的高技术产业化重点领域指南（2007 年度）》	确定了当前应优先发展的信息、生物、航空航天、新材料、先进能源、现代农业、先进制造、先进环保和资源综合利用、海洋十大产业中的 130 项高技术产业化重点领域
2011 年	《国家“十二五”科学和技术发展规划》	推进重点领域核心关键技术突破：①加强农业农村科技创新，攻克农业和村镇发展的关键技术，促进现代农业发展和新农村建设，提高农业科技成果转化应用能力，促进农业产业发展和农民增收，深入开展农村科技创业行为，促进新型农村科技服务体系构建。②促进重点产业技术升级，加快突破机械、钢铁、有色、石化、纺织、轻工、建材等产业核心关键技术，强化新品种、新工艺开发；加强信息产业关键技术和基础软硬件的研发；加强现代交通运输业技术攻关。③加快推动现代服务业科技创新，构建现代服务业科技创新体系。④大力加强民生科技，加大公众卫生和全民健康、临床医学/转化医学研究、中医药、食品安全、生产安全、社会安全、防灾减灾、绿色建筑技术集成示范、低碳与和谐社区示范的技术创新能力，全面提升科技服务民生的能力。⑤建立支撑可持续发展的能源资源环境技术体系，大力加强能源资源勘探开发与清洁高效利用、水资源优化配置与综合利用、污染控制与生态改善、清洁生产与循环经济、气候变化减缓与适应等技术开发与集成应用，提升科技对可持续发展的支撑和引领能力

在中国科学技术规划与科技计划发展历程中，对重点产业中的核心关键技术、重点攻关项目的规划与指引贯穿始终，并基于国际科技发展动态、产业科技能力的

发展，不断进行调整，对于中国产业的科技化发展、自主创新能力的提升发挥了重要作用。“十一五”规划期间，若干重点行业领域开始呈现跨越式的发展态势，在计算机技术、航空航天、交通运输、生物科技等方面取得了标志性的重大成果。科技产出的数量和质量都实现了明显的改善，中国发明专利的授权量、申请量增多，国际科学论文总量及被引用次数都增长显著，位于世界前列。科技创新在国家基础设施建设、国家重大能源、交通、体育、抗震救灾等具体应用中发挥了巨大的作用。

3.1.2　配套政策对产业创新发展的支持

为有效地实施与落实科学技术规划与科技计划，国家在科技投入、金融支持、税收激励、政府采购、人才队伍培养、科技创新基地与平台建设及教育与科普方面，都推出相应的政策、管理办法、指导意见，对产业创新的发展发挥了重要的推动作用。

以金融支持为例，2006 年国家发展和改革委员会发布的《国家高技术产业发展项目管理暂行办法》，其目的是增强自主创新能力，并且促进高技术产业发展，凡被列入了国家高技术产业发展项目计划之中，均可享受中央预算内贷款贴息或投资补助。2006 年，中国银行业监督管理委员会颁布了《支持国家重大科技项目政策性金融政策实施细则》，要求政策性银行对《规划纲要》中所规定的重大专项、国家重大科技专项、国家重大科技产业化项目的规模化融资和科技成果转化项目、高新技术产业化项目、国家主要科技计划中的重大项目等提供金融支持。2006 年，中国银行业监督管理委员会还颁布了《关于商业银行改善和加强对高新技术企业金融服务的指导意见》，要求各商业银行等金融机构对特定的企业和项目提供金融支持。其中的金融机构包括政策性银行、股份制商业银行、国有商业银行、国家邮政局邮政储汇局、金融资产管理公司，以及银行业监督管理委员会直接监管的财务公司、信托公司、金融租赁公司。特定的企业和项目包括承担《规划纲要》确定的“重点领域及其优先主题”、“重大专项”和“前沿技术”开发任务的企业；具有较强的科学技术成果转化能力、创新成果商业化能力的企业；具有高附加值和高技术含量、高成长性行业的企业，如电子与信息、生物工程和新医药、航空航天、核应用技术等行业；技术水平领先、国内外市场前景良好、具有较强的市场潜力的企业；创新性强、产业发展前景好的科技型小企业。上述金融政策支持，对于产业创新的实质发展不可或缺，具有举足轻重的作用。

3.1.3　产业创新发展的现状与存在的问题

1. 高技术产业科技创新投入与产出持续快速增长

表 3-2 列示了高技术产业科技创新投入与产出情况。高技术产业中，科技活

动的经费投入指标：R&D 经费内部支出、新产品开发经费支出呈逐年上升趋势，前者从 2000 年的 111 亿元左右上升至 2008 年的 655 亿元左右，后者从 2000 年的 117 亿元左右上升至 2008 年的 798 亿元左右，年均增长率分别为 24.8%和 27.1%。科技活动的人力投入指标中科技活动人员、科技活动人员中科学家和工程师人数也逐年上升，科技活动人员数在 2000～2008 年的八年中增长了 1 倍多，科技人员中科学家和工程师人数则增长了接近 2 倍，科学家和工程师在科技活动人员中所占比例大大提升，从 2000 年的 57.9%增长至 71.6%，体现了对高层次科技活动人员的重视。

表 3-2　高技术产业科技创新投入与产出

项目	2000 年	2004 年	2005 年	2006 年	2007 年	2008 年
R&D 经费内部支出/万元	1 110 410	2 921 315	3 624 985	4 564 367	5 453 244	6 551 994
新产品开发经费支出/万元	1 177 940	2 588 201	4 156 916	5 099 534	6 520 284	7 984 007
科技活动人员/人	260 965	289 975	347 125	393 987	478 284	564 887
科技活动人员中科学家和工程师/人	151 077	182 322	240 430	263 825	343 526	404 369
新产品营业收入/万元	24 838 202	60 989 505	69 146 633	82 488 646	103 032 217	128 794 741
专利申请数/件	2 245	11 026	16 823	24 301	34 446	39 656
拥有发明专利数/件	1 443	4 535	6 658	8 141	13 386	23 915

资料来源：根据《中国高技术产业统计年鉴 2009》的相关资料整理所得

在科技活动的产出指标中，新产品营业收入从 2000 年的 2483 亿元左右增加至 2008 年的 12 879 亿元左右，年均增长率为 22.8%，专利申请数与拥有发明专利数也分别实现了年均 43.2%和 42%的高增长，但新产品营业收入相对于新产品开发经费支出的比例从 2000 年的 211%降至 2008 年的 161%，表明中国科技活动投入的成效显著，但新产品开发效益并未得到有效提升。

2. 高技术产业结构有待于进一步调整和优化

高技术产业结构是影响产业竞争力的重要因素。目前，中国的高技术产业发展在行业结构、创新投入与产出、科技活动经费获得情况等方面存在着发展不平衡问题，国家创新政策支持的实施重点、产业创新的指导与指引，有待于进一步调整和优化。表 3-3 中所列的主要高技术产业，均属于各项国家技术创新规划与政策中重点支持的行业。但由于不同行业的企业数量、创新资金需求、市场需求、人才结构的不同，各行业在科技活动的投入与产出指标上，体现出显著的行业差异。电子计算机外部设备制造、通信设备制造、医药制造、电子器件制造、电子元件制造、家用视听设备制造、航空航天器制造等创新活动经费支出和人力投入位于前列，相应地也具有较高的新产品营业收入和专利申请数，体现了在信息技术产业、传统制造产业、社会医药卫生产业等国家重点产业领域，均实现了有力的创新支持和技术创新进步。

表 3-3　2008 年主要高技术产业创新指标汇总表

主要高技术产业创新指标	R&D 经费内部支出/万元	新产品开发经费支出/万元	科技活动人员/人	科技活动人员中科学家和工程师/人	新产品营业收入/万元	专利申请数/件	拥有发明专利数/件
医药制造业	790 879	871 914	90 820	59 711	9 489 106	3 917	3 170
航空航天器制造业	519 869	494 423	51 228	28 535	4 729 806	1 036	400
电子及通信设备制造业	4 029 385	4 865 650	298 234	226 999	67 590 765	25 909	15 418
1. 通信设备制造	2 021 334	2 280 979	121 733	110 118	30 989 691	16 159	10 222
2. 雷达及配套设备制造	37 973	42 449	5 965	3 451	164 617	70	82
3. 广播电视设备制造	46 672	59 938	5 470	4 033	536 663	600	158
4. 电子器件制造	613 113	815 700	49 158	33 065	11 446 943	3 273	1 911
5. 电子元件制造	585 300	755 823	66 878	41 396	7 385 399	2 057	821
6. 家用视听设备制造	630 175	765 367	33 095	20 893	15 763 132	3 189	1 941
7. 其他电子设备制造	94 818	145 394	15 935	14 043	1 304 320	561	283
电子计算机及办公设备制造业	808 961	1 252 080	75 137	55 013	42 277 386	4 540	3 344
1. 电子计算机整机制造	347 172	537 765	39 186	31 101	24 974 827	1 171	1 466
2. 电子计算机外部设备制造	432 096	685 921	32 432	21 544	16 454 350	3 306	1 866
3. 办公设备制造	29 693	28 394	3 519	2 368	848 209	63	12
医疗设备及仪器仪表制造业	402 902	499 940	49 468	34 111	4 707 679	4 254	1 583
1. 医疗设备及器械制造	95 907	114 285	8 068	5 923	946 912	1 326	527
2. 仪器仪表制造	306 995	385 655	41 400	28 188	3 760 767	2 928	1 056
合计	6 551 996	7 984 007	564 887	404 369	128 794 742	39 656	23 915

资料来源：根据《中国高技术产业统计年鉴 2009》的相关资料整理所得

如表 3-4 所示，高技术产业科技活动经费筹集额的构成，企业资金历年都占据绝大部分比例，2008 年企业资金占科技活动经费筹集额合计额的比例为 88.2%，政府资金和金融机构贷款比例均小于 10%，且 2000～2008 年政府资金呈上升趋势，而金融机构贷款则呈下降趋势。这一现象表明，企业科技活动经费主要还是来自企业资金，虽然政府出台了一系列技术支持政策及金融支持政策，但其实施效果有限，尤其是金融机构对于高风险的科技创新活动仍然采取规避态度，政策的支持和实施有待进一步加强。

表 3-4　高技术产业科技活动经费筹集额构成　单位：万元

科技活动经费筹集额	2000 年	2004 年	2005 年	2006 年	2007 年	2008 年
政府资金	172 806	283 870	338 767	390 984	650 401	878 819
企业资金	1 884 279	4 641 136	5 483 076	6 269 090	8 098 529	9 096 180
金融机构贷款	196 383	392 260	355 478	586 151	449 375	337 937

资料来源：根据《中国高技术产业统计年鉴 2009》的相关资料整理所得

如表 3-5 所示，2008 年不同行业中科技活动经费筹集的比例构成，总体而言，企业资金为主要的资金来源。在涉及国防安全的航空航天器制造业及雷达及配套设备制造中，政府资金比例分别为 56.31%和 13.03%，是由于国家出于战略安全考虑而投入大量资金。其他行业中，除了仪器仪表制造政府资金比例为 10.74%，其他行业的政府资金比例均小于 10%，技术发展迅速的通信设备制造、电子元件制造中政府资金比例仅为 1.94%和 1.91%，而涉及人口健康与社会发展的医疗设备及器械制造中政府资金比例也仅为 2.54%，这表明政府资金投入还是较为倾向于传统制造业，对于新兴产业的支持力度还有所欠缺。在金融机构贷款比例方面，所有行业均处于较低水平，其中通信设备制造与电子计算机整机制造中，金融机构贷款不足所有科技活动经费筹集比例的 1%，表明金融机构对这些行业的风险规避态度强烈。

表 3-5　2008 年不同行业中科技活动经费筹集的比例构成　单位：%

行业	政府资金	金融机构贷款	企业资金
医药制造业	4.89	5.77	87.72
航空航天器制造业	56.31	4.78	36.21
电子及通信设备制造业	3.51	2.17	92.92
1. 通信设备制造	1.94	0.38	95.97
2. 雷达及配套设备制造	13.03	1.60	74.88
3. 广播电视设备制造	3.73	6.38	89.72
4. 电子器件制造	6.14	2.08	90.24
5. 电子元件制造	1.91	4.31	92.95
6. 家用视听设备制造	5.81	4.74	88.62
7. 其他电子设备制造	5.12	2.40	92.44
电子计算机及办公设备制造业	1.98	3.20	94.63
1. 电子计算机整机制造	2.75	0.83	96.01
2. 电子计算机外部设备制造	1.55	4.50	93.91

续表

行业	政府资金	金融机构贷款	企业资金
3. 办公设备制造	0.81	7.69	91.50
医疗设备及仪器仪表制造业	9.12	5.39	83.57
1. 医疗设备及器械制造	2.54	2.66	93.49
2. 仪器仪表制造	10.74	6.06	81.14

资料来源：根据《中国高技术产业统计年鉴 2009》的相关资料整理所得

3.2　知识产权保护政策

当今世界，知识经济飞速发展，知识产权是推动国家经济发展和提升国际竞争力的关键要素与核心力量，是建设创新型国家必不可少的重要支撑。知识产权在整个国际社会都得到广泛的重视，知识产权保护政策成为各国鼓励创新的重要政策工具。

3.2.1　知识产权法律体系的建立和完善

中国知识产权制度的建设起步较晚，开始于改革开放之初，但是从 20 世纪 70 年代末至今 30 多年来，中国的知识产权事业发展迅速。国家高度重视知识产权制度体系的建设，构建良好的知识产权制度政策环境，以专利权、商标权、著作权为主体的知识产权法律体系基本形成。

20 世纪 80 年代初，中国为适应改革开放的需要，开始制定知识产权相关法律。国家相继于 1982 年通过了《中华人民共和国商标法》（以下简称《商标法》），1984 年通过了《中华人民共和国专利法》（以下简称《专利法》），1990 年通过了《中华人民共和国著作权法》（以下简称《著作权法》），知识产权三大法的基本体系开始建立。

但法律体系的完善是不断修订和更新的过程，基于国际政治经济形势及国内的法律环境需求，中国知识产权相关法律经过多次修订。中国分别于 1992 年、2000 年、2008 年对《专利法》进行修订。前两次的修订侧重于对国际承诺的履行及与国际规则保持一致的要求，修改以借鉴、引进国际成熟的制度为主。第三次的修订，突出了加强对专利权的保护力度，以鼓励创新，在诸多具体制度上做出了调整，如提高了授权专利权的条件、对滥用专利权的行为的规制、强制许可制度等，是落实基于中国经济社会发展的自身需要，呼应贯彻落实科学发展观、转变经济发展方式的要求，也是实施《国家知识产权战略纲要》、建设创新型国家的重要举措。

1982 年《商标法》通过之后，迄今也经过了三次修订。1993 年分别对《商标法》及其实施细则进行了修改，发布《关于惩治假冒注册商标犯罪的补充规定》，1996 年公布《商标印制管理办法》，1997 年公布《商标使用许可合同备案管理办法》。2001 年 10 月 27 日，对《商标法》做出了较大的修改，使其完全符合世界贸易组织管辖的《与贸易有关的知识产权协定》（以下简称 TRIPs 协议）。第三次修订《中华人民共和国商标法（修订草案征求意见稿）》中指出，此次修订旨在解决三方面问题：一是解决商标确权程序烦琐、商标注册周期长的问题；二是解决异议程序被滥用的问题；三是解决对商标侵权行为处罚力度不够的问题。

中国的《著作权法》，同样为了满足加入世界贸易组织的直接需要，以及为了履行世界贸易组织关于中美知识产权争端案裁决的现实需要，分别于 2001 年和 2007 年开启了修订程序，逐步建立了《实施国际著作权条约的规定》《计算机软件保护条例》《中华人民共和国著作权法实施条例》《著作权集体管理条例》《信息网络传播权保护条例》《广播电台电视台播放录音制品支付报酬暂行办法》“一法六条例”（一部法律、六部行政法规）的著作权法律体系，以兼顾传统环境与网络环境，适应经济社会的发展要求。

在知识产权三大主体法律之外，《商业秘密管理制度》《中华人民共和国植物新品种保护条例》《地理标志产品保护工作细则》《集成电路布图设计保护条例》《中华人民共和国非物质文化遗产保护法》等专项知识产权保护法律法规也处在逐步建立与完善之中，共同构建组成了中国知识产权法律体系，不仅基本满足甚至部分超过 TRIPs 协议的要求，达到与国际高度接轨的目的，也体现了中国在促进创新的高度发展，提高知识产权创造和使用，加强知识产权保护和管理等方面的能力。

3.2.2　国家知识产权战略的实施推进

中国知识产权制度虽然日趋完善，但国内外学者与专家们普遍认为，中国的实际知识产权保护程度依然很低，知识产权制度并未有效地促进经济和社会的发展。具体而言，中国拥有的自主知识产权数量，不足以有效推动经济和社会的发展，知识产权保护意识还有很大的提升空间，市场主体如企业，尚不能有效运用知识产权保护自身权益，知识产权侵权现象还比较严重，为知识产权提供服务的制度和人力保障还较为落后。

因此，有效实施知识产权制度，切实提高中国知识产权保护力度，充分发挥知识产权制度的作用，对中国适应国内外新形势、转变经济发展方式、提升国家创造力与核心竞争力至关重要。国家也将知识产权发展列入国家战略发展体系。

胡锦涛在党的十七大报告中，首次明确提出要“实施知识产权战略”，温家宝在十届全国人大五次会议中做出的政府工作报告中也强调，制定并实施知识产权战略的重要性。

2008 年 6 月 5 日，国务院颁布《国家知识产权战略纲要》。该纲要明确中国知识产权工作五个方面的战略重点：一是完善知识产权制度；二是促进知识产权的创造和运用；三是加强知识产权保护；四是防止知识产权滥用；五是培育知识产权文化。此外该纲要还分别制定了七大专项任务，指出了在不同的知识产权领域中存在的突出问题，以及针对这些问题所制定的主要任务。该纲要颁布以后，国家知识产权局会同相关部门积极组织并实施国家知识产权战略。

国务院知识产权战略实施工作部际联席会议办公室，负责推动国家知识产权战略的实施，于 2008～2011 年逐年制订了《国家知识产权战略实施推进计划》，还推出《2011 年中国保护知识产权行动计划》和《全国专利事业发展战略（2011—2020 年）》，以明确每年国家知识产权工作重点，并制定具体实施措施。国家知识产权局、教育部、科学技术部、工业和信息化部（以下简称工信部）、公安部、环保部、农业部、商务部、文化部、海关总署、国家工商行政管理总局商标局、国家质量监督检验检疫总局、国家广播电影电视总局、国家版权局、中国科学院等各部委，均针对《纲要》提出相应的“部委解读”，以明确各部委的任务分工、工作思路与工作重点，切实推进国家知识产权战略的实施进程。

3.2.3　行业知识产权战略

2007 年，中央经济工作会议推动知识产权战略在国家层面的基础上，逐步向区域、产业、企业与事业单位推进。中国各省、各行业及重点的创新企业，纷纷发布相应的知识产权战略实施意见。

在创新环境、知识产权保护力度存在显著行业差别的情况下，制定适合相关行业发展的知识产权政策，有利于各行各业的产业政策与知识产权政策的有效衔接，规范不同行业中的知识产权违法行为，有利于促进产业结构的调整与优化，实现产业的优化升级和创新专项的实现。

迄今为止，工信部、农业部、交通运输部都推出了相应的行业知识产权战略，立足于提高行业知识产权水平。工信部在落实十大产业（钢铁、汽车、船舶、石化、纺织、轻工、有色金属、装备制造、电子信息、物流）调整和振兴规划、实施国家科技重大专项的基础上，制定各项产业政策，提升工业、通信业和信息化领域的知识产权创造与运用，以及对知识产权的保护和管理能力。在鼓励知识产权创造方面，工信部通过制定农药、轮胎、钢铁、汽车、水泥等产业政策，在产业政策中提出了知识产权工作要求，鼓励企业开展自主创新，争取在先进工艺、产品和装备上拥有自主知识产权。有关部门陆续出台了《重大技术装备自主创新指导目录》《农药产业政策》《新材料产业“十二五”发展规划》《食品工业“十二五”发展规划》，提出了知识产权方面的目标及工作重点。在国家科技重大专项实施中，制定知识产权管理细则，开展专项中的知识产权战略和重点技术专利分析，推进知识产权全过程管理；加强对中小企业知识产权的管理和保护工作；联合国家版权局、公安部，加强对网络环境中的侵权盗版行为的监控和打击力度；积极开展专利技术趋势分析，提供专利预警服务。

2009年农业部发布了《农业知识产权战略纲要（2010—2020年）》，进一步鼓励农业知识产权的创造和转化，对申请植物新品种权、农产品地理标志等知识产权进行相应的财政性补贴或减免费用；以发展现代种业为目标，优先支持产学研结合、具有自主知识产权的产业化项目实施，开展种业科企结合经验活动，促进种业科企深度融合；开展农产品地理标志示范基地创建试点；支持农业知识产权的服务中介组织。同时加强法规建设，研究制定《中华人民共和国植物新品种保护条例》《农业植物品种命名规定》，修订《农业植物新品种权侵权案件处理规定》《农业部植物新品种复审委员会审理规定》，为农业知识产权发展提供有利的法律环境。

在交通运输业方面，交通运输部颁布实施了《交通运输行业知识产权管理办法》，明确了知识产权管理的机构与职责，规定了交通运输业主要的几种知识产权的权利归属，提出了知识产权保护和管理的办法，并提出奖惩办法，在规范交通运输业知识产权管理、加强知识产权保护、促进科技创新与科技进步等方面发挥重要作用。

在医药行业方面，国家中医药管理局制定《关于加强中医药知识产权工作的指导意见》和“中药发明专利审查标准研究”。此外，还与国家知识产权局、四川省知识产权局，共同研讨制定了基于地方中医药行业的特色知识产权战略。国家中医药管理局还从传统知识保护角度，从道地药材、中药老字号企业和民族民间医药三个方面，分别在河南省焦作市、上海市和贵州省黔东南自治州建立试点，探索适于中医药传统知识保护的特殊政策。

3.3　本章小结

本章对中国产业创新发展，以及行业知识产权保护的相关制度背景进行分析。3.1节对自中华人民共和国成立以来的科学技术发展规划，以及相关配套政策中的产业创新政策和支持措施进行了总结归纳，并着重分析了高技术产业在创新投入和产出方面的发展现状，提出产业创新不均衡、国家创新支持仍然存在向传统产业倾斜的不足之处。3.2 节，总结中国知识产权法律体系的建立和逐步完善的过程，以及国家知识产权战略的实施推进工作，其中，行业知识产权战略的开展，对于针对性地促进不同行业知识产权的创造与运用、加强不同行业的知识产权保护力度、降低行业知识产权风险具有重要意义，但这些战略仍然处在制定或初步实施阶段，其作用的发挥还需要在实践过程中慢慢摸索，在不断修正中实现。

第 4 章　市场结构因素、知识产权风险与企业创新行为研究

行业特征是影响企业财务决策的重要因素之一。行业特征差异也是影响知识外溢程度、知识产权侵权诉讼，即知识产权风险的重要因素，是造成企业创新投资行为和专利行为存在行业差异的重要原因。本章基于不同行业的市场结构因素，结合外部性理论分析并检验不同行业特征下，行业之间知识产权风险的特点及其对企业 R&D 投资和专利行为的影响。行业内部层面上，竞争企业及领导企业对企业 R&D 投资和专利行为的影响将在第 5 章予以研究。

4.1　理论分析与研究假设

在不同的行业中，由于技术水平、产品差异、市场壁垒等特征存在显著差异，不同行业中的知识外溢程度、企业 R&D 投资也都呈现出显著的行业差别。但在以往研究企业知识外溢、知识产权保护与企业 R&D 投资的相关文献中，对行业因素的重要影响却较为忽视。虽然不少文献研究行业集中度对企业创新的影响，但行业集中度仅仅是行业特征的因素之一，并且这些文献并未从行业特征如何影响知识外部性的角度进行深入的理论分析。因此，本章依据产业组织理论中的 SCP 范式，在市场结构决定企业行为的理论框架下，论述行业中不同的市场结构因素导致知识外部性和创新风险的差别，进而导致企业 R&D 投资及专利行为差异的作用机制，并提出本书的研究假设。

4.1.1　知识的正外部性与创新不足

知识的外部性具有正负之分，正外部性就是一些人的生产或消费使另一些人受益，而又无法向后者收费的现象；负外部性就是一些人的生产或消费使另一些人受损，而前者无需补偿后者的现象。企业在研发上的支出、教育支出具有典型的正外部性。如果企业研发出新的设计和新产品，能够申请专利，则该创新企业能够通过生产和销售新产品而获得大量利润。但如果专利权未能得到有效执行，或新产品被逆向工程破解，或因相似的模仿而被其他企业生产，那么其他企业的竞争就分享了一部分创新企业的利润，但创新企业又无法向其他受益企业收费，

正外部性导致 MEB 为正，即创新给其他企业带来外部收益。而 MSB 是通过将每个产出水平上的边际私人收益与MEB相加而得到，即MSB=MPB+MEB=D+MEB，因此边际私人收益 D 小于 MSB。如图 4-1 所示，私人需求曲线 D 与供给曲线 S 的交点决定的私人产出 q_1 和价格 p_1 小于 MSB 与供给曲线 S 的交点决定的最优社会产出 q^* 和价格 p^*。因此创新企业无法以最优的价格销售产品，所提供的创新产品无法达到社会最优水平，导致创新产出不足。在此市场的长期均衡点 E 点处的产出 q_1 水平下，每多生产一单位的边际社会收益大于生产这一单位的边际成本（$p_s > p_1 = c_1$），是无效率的低水平产出。

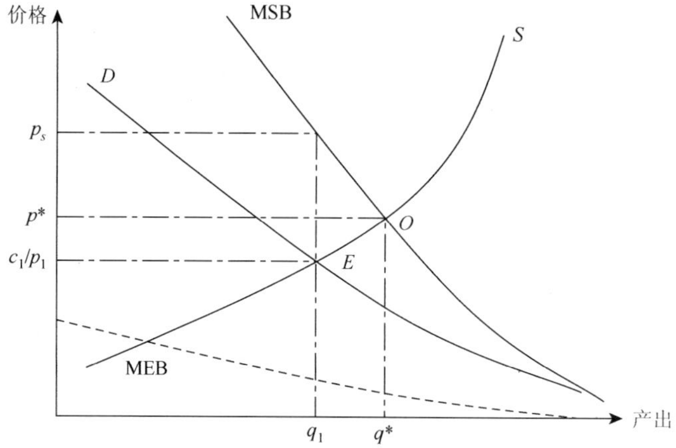

图 4-1　正外部性示意图

4.1.2　市场结构因素与正外部性

正外部性的大小取决于 MEB 的大小。在企业研发的正外部性情况下，MEB 代表其他企业从创新企业的研发活动中分享的无需付费的利润。不同的行业中，这部分利润的大小不同。Mansfield（1968）和 Mansfield 等（1982）的调查研究表明，企业进行模仿的时间和成本在不同的行业中存在差别，模仿时间可以短至一个月，也可以长达一年（如啤酒），甚至数年（如通信设备等）。在模仿成本的比较中，处方药生产行业大于化学产品行业，也大于电子和机械行业。在不同的行业中，MEB 不同，正外部性的大小存在差异。

市场结构（产业结构）即特定的市场中，企业间在数量、市场份额、企业规模上相互联系，这些联系形成市场上不同类型的竞争形式，它代表特定的行业特征。反映市场结构的主要因素包括买（卖）方集中度、产品差异化程度、市场壁垒，这些因素同时被视为具体行业特征的体现。行业特征的因素影响 MEB 的大小，影响最优社会产出 q^* 及其与创新企业私人产出 q_1 的差距，进而导致不同行业内部创新企业投资积极性的差别。

市场集中度揭示行业内部企业市场份额的集中程度，反映行业内部前 N 大企业或行业整体的市场势力，即可以有利可图地将价格定在高于边际成本的能力，常常被用来作为衡量企业是否存在垄断势力的基本指标。但市场集中度的测算指标，无论是四企业集中度，还是赫芬达尔-赫希曼指数（Herfindahl-Hirschman index，HHI）都被认为存在严重的内生性问题（利润率会改变市场集中度）和市场定义的偏差（行业集中度的有效测算应该包括与产品存在直接竞争或互补生产的相关产业）（卡尔顿和佩罗夫，2009），并且其反映的市场势力也无法区分对创新企业和其他企业定价能力及投资意愿的影响，故本书不予分析市场集中度对 MEB，即创新的正外部性大小的影响。

产品差异化，即消费者认为不同企业的产品和品牌是不能完全替代的（卡尔顿和佩罗夫，2009），企业在最终销售的产品的实体要素或销售产品的服务途径等方式上，与其他企业存在差异之处，造成足以引导消费者购买的特殊性（史东辉，2010）。或者在同一行业内部不同企业生产的同类商品中，产品在质量、款式、性能、销售服务、提供信息和消费者偏好等方面存在差异，从而导致产品间替代的不完全性的状态。产品差异化可以体现在产品物理特征（如外观、性能、质量等）及售前与售后服务之中，也可体现在企业的产地和销售地的便利性之中，其结果均导致消费者认为该产品是与众不同的。当两个企业的产品相互之间具有较高的替代性而不是无法替代时，那么一个企业的定价会对另一个企业的定价产生较强的约束。例如，饮料行业中不同企业的价格变动相关性，大于通信设备行业中不同企业的价格变动相关性。具体到创新企业与其他企业，若模仿产品与创新产品具有较高的替代性，产品差异性越小，其他企业的模仿行为对创新企业的影响就越大，创新企业的利润损失就会越多。换言之，其他企业通过模仿创新企业的产品获得利润越多，MEB 越大，外部性就越显著，创新企业后续创新投资不足就越严重。

产品差异化程度对不同企业之间价格变动的影响，可以通过差异性对企业需求函数的影响来分析。假设市场存在创新企业和其他企业两类企业，企业 i 面临的反需求函数为

$$p_i = D(q_1, \cdots, q_n) \tag{4-1}$$

即企业 i 产品的价格 p_i 取决于该企业自身产品销量 q_1 和其他 $n-1$ 个企业的产品销量。

在产品无差异的情况下，消费者不愿意为某一企业的产品支付更多的钱，因此所有的企业要销售出产品，就必须制定出同样的价格 p。那么此时市场价格 p 仅与市场总产出 $Q = q_1 + q_2 + \cdots + q_n$ 有关，每家企业面临的反需求函数可简化为

$$p_i = p = D(q_1 + q_2 + \cdots + q_n) = D(Q) \tag{4-2}$$

假设每类产品只有一家企业，即一家创新企业与一家模仿企业，如果消费者认为两家企业的产品是完全相同的，那么每家企业的价格（$p = p_1 = p_2$）可写为

$$p = a - bQ = a - b(q_1 + q_2) = a - bq_1 - bq_2 \tag{4-3}$$

其中，a 和 b 为正常数，每个厂商产量的变化都将导致价格的变化，从而等量地影响每家企业的产品价格。

当产品存在差异性，即消费者认为两家企业的产品存在差别，不可完全替代时，那么两家企业的价格分别为

$$p_1 = a - b_1 q_1 - b_2 q_2 \tag{4-4}$$

$$p_2 = a - b_1 q_2 - b_2 q_1 \tag{4-5}$$

当产品差异化程度越大时，$|b_2|$ 越小，企业的需求与其他企业的行为越不相关。其中 $a>0$，$|b_1|>|b_2|$，即每家企业自身产量的增加比其他企业产量增加对价格的影响更大。当消费者认为模仿企业的产品仍然与创新企业的产品存在较大差异，替代性较小时，模仿企业销量 q_2 的增加只能导致创新企业价格 p_1 较小幅度地下降。同样，当创新企业的市场份额销量 q_1 被模仿企业分割而降低，也只能导致模仿企业价格 p_2 较小幅度地提高，因此模仿企业从创新企业所分享的利润较低，MEB 较低。如图 4-2 所示，产品差异性的提高降低 MEB，MEB 曲线下移，即由 MEB_1 曲线移至 MEB_2 曲线（$MEB_1 \rightarrow MEB_2$），导致 MSB 曲线下移，即由 MSB_1 曲线移至 MSB_2 曲线（$MSB_1 \rightarrow MSB_2$），新的社会最优产量 $Q^* < q^*$，创新企业的私人产出 q_1 与社会最优产量 Q^*的差距减小。当产品差异性足够大，以至于降低 MEB 为 0，则可以实现 $q_1=Q^*$与 $p_1=P^*$，私人均衡点 E 达到社会最优点 O^*，实现经济效率，创新企业的 MPB 与 MSB 相等，不存在创新不足的局面。当然产品差异性难以达到足够大，但由上述分析可知，产品差异性的提高有利于降低创新企

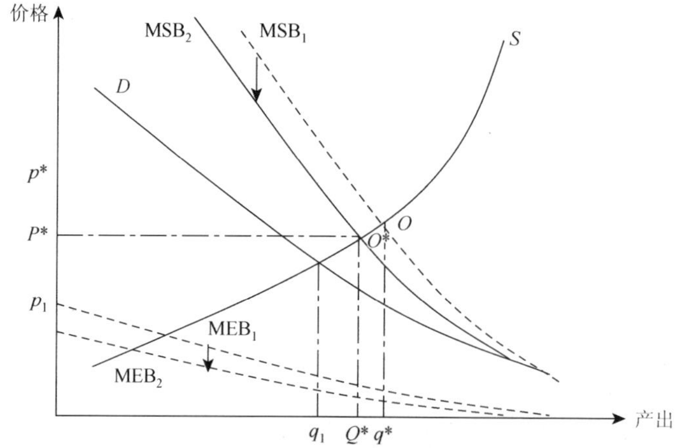

图 4-2　产品差异性与正外部性变化示意图

业开展研发的正外部性，从而改善创新企业的投资不足，激励 R&D 投资。据此，本章提出假设 4-1。

假设 4-1：行业产品差异程度与企业 R&D 投资正相关。

行业的市场壁垒是影响市场结构的又一主要因素，市场壁垒"研究之父"贝因（Bain，1968）对其的定义为，使潜在进入者处于与已存企业相比，较为不利的竞争地位，和使已存企业能长期获取常态利润的因素，克服这些因素将导致新入者成本的提高。施蒂格勒（2006）对市场壁垒的定义为，在某些或任何产出水平上，一种由试图进入行业的企业，而不是由在位企业所承担的成本。无论是由于在位企业的优势还是潜在进入企业的劣势，市场壁垒都形成对潜在进入企业的阻碍，并且在不同的行业中市场壁垒的程度不同。市场壁垒程度通常采用在位企业的最高进入阻止价格高于行业长期平均成本的百分比来衡量。即

$$\mathrm{BE}=\frac{P_e^H-\mathrm{LAC}}{\mathrm{LAC}}\times 100\% \tag{4-6}$$

其中，BE 表示市场壁垒的程度；P_e^H 表示在位企业的最高进入阻止价格；LAC 表示行业长期平均成本。如果行业内新企业的进入是受到阻碍的，则行业内的在位企业能够维持长期的超额利润，BE 值也就越高。反之，如果某行业进出是自由的，那么长期均衡时，该行业内不应该存在超额利润率，BE 值为 0。具体到行业内部的创新企业与其他企业，创新企业通过研发活动生产出新产品，首先占领市场份额，在新产品的销售领域中属于在位企业，而其他企业试图通过模仿生产出与创新企业相同或相似的产品，进入新产品的销售领域，属于潜在进入企业。若新产品的销售领域，即在位企业所处行业的市场壁垒 BE 值较高，就能够有效阻止模仿企业的进入，或通过使得潜在进入企业承担额外的成本。这将有利于维护在位企业的超额利润，或降低其他进入企业所能分享的利润。因而在此行业中，其他企业获得的 MEB 较低。与产品差异性程度对创新外部性的影响类似，行业的市场壁垒程度提高，降低 MEB，MEB 曲线的下移导致 MSB 曲线下移，新的社会最优产量 $Q^*<q^*$，创新企业的私人产出 q_1 与社会最优产量 Q^* 的差距减小。当行业的市场壁垒足够大，以至于降低 MEB 为 0，则可以实现 $q_1=Q^*$ 与 $p_1=P^*$，私人均衡点 E 达到社会最优点 O^*，实现经济效率，创新企业的 MPB 与 MSB 相等，不存在创新不足的局面。因此，行业的市场壁垒的提高有利于降低创新企业开展研发的正外部性，从而改善创新企业的投资不足。据此本章提出假设 4-2。

假设 4-2：行业的市场壁垒程度与企业 R&D 投资正相关。

4.1.3　模仿企业的负外部性与 MEC

相对于创新企业所带来的知识正外部性，模仿企业所造成的是一种知识负外部性。负外部性就是指一些人的生产或消费使另一些人受损，而前者无需补偿后者的现象。模仿企业通过逆向工程、人才引进、简单的抄袭仿制，生产出与创新企业类似的产品并占据一部分市场份额，从而导致创新企业的收益受损，在尚未达到使创新企业诉诸法律赔偿的程度时，也无需补偿创新企业的损失，因此造成了负外部性。负外部性导致 MEC 的存在，即模仿给创新企业带来外部成本，如创新企业为了防御被模仿和被抄袭的风险，将创新成果申请专利所支付的专利费用、专利信息公开可能导致的竞争企业追赶甚至超越的风险、采取更加严格的保密措施和保密程序而支付的额外信息系统成本及人员岗位分离所产生的工资成本、为留住企业关键员工所支付的额外的薪酬激励等。如图 4-3 所示，MSC 通过将每个产出水平上的私人边际成本 MC 与 MEC 相加而得到，即 MSC=MC+MEC，因此 MSC 大于私人边际成本 MC。MSC 与需求曲线 D 的交点决定的最优产出 q^* 小于私人供给曲线 S 与需求曲线 D 的交点决定的私人产出 q_1，而价格 p^*则高于 p_1，表明模仿行为高于社会最优量。

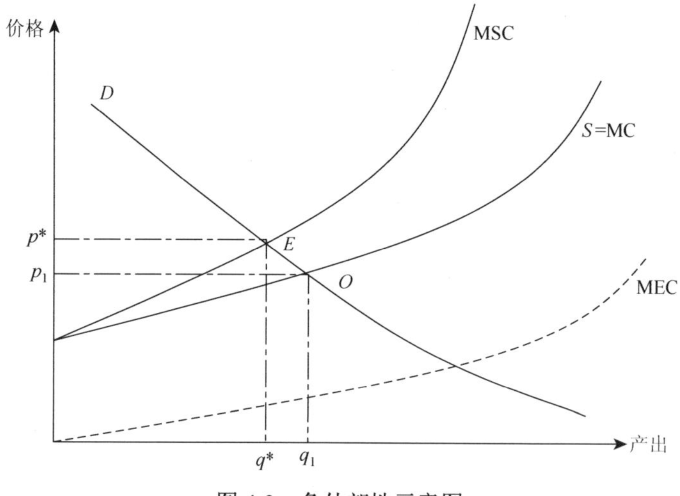

图 4-3　负外部性示意图

负外部性的大小取决于 MEC 的大小。行业特征通过影响模仿行为所导致的创新企业收益的受损程度，进而影响创新企业所花费的额外成本即 MEC，最终影响负外部性大小和模仿行为的参与量。在 MEC 中，只有专利数据可以从公开渠道广泛获得，因此可知企业所花费的专利成本，即企业所拥有的专利量与标准专利费用的乘积[①]。与行业特征对 MSB 的影响类似，产品差异性与市场壁垒也影响 MEC，从而影响企业的被动专利成本和专利申请量。

当产品差异程度高，即消费者认为模仿企业的产品仍然与创新企业的产品存在较大差异时，产品替代性较小。由式（4-4）与式（4-5）可知，此时模仿企业销量 q_2 的增加只能导致创新企业价格 p_1 较小幅度下降，创新企业收益受损的程度降低。因此，企业无需支付高额的被动专利成本，被动的专利申请量降低。反之，当产品差异程度低，即替代性较大时，模仿企业销量 q_2 的增加将导致创新企业 p_1 大幅下降，创新企业收益受损程度严重。此时创新企业面临较大的风险，为防范与抵御该风险，需要寻求知识产权的保护，促进创新企业提高专利申请量。据此本章提出假设 4-3。

假设 4-3：行业产品差异程度与企业被动的专利申请量[②]负相关。

在新产品的销售领域，当在位企业所处行业的市场壁垒较高时，能够通过提高进入企业承担额外的成本，减少行业内部的模仿企业与模仿行为，降低在位企业利润的损失率。因此在市场壁垒较高的行业中，在位企业即创新企业的 MEC 较低；反之在市场壁垒较低的行业中，创新企业的 MEC 较高，此时需要提高专利申请量以保护其知识产权。据此本章提出假设 4-4。

假设 4-4：行业的市场壁垒程度与企业被动的专利申请量负相关。

在外部性引起的知识产权风险之外，知识产权侵权、知识产权诉讼也会导致创新企业的收益受损，使得企业 R&D 的整体风险提升。企业因为有意或无意的专利侵权而陷入专利诉讼，导致大额赔偿。企业声誉和专利竞争优势受损的情况，在中国目前也非常普遍。一方面，大多数中国企业忽视知识产权管理，经常面临创新后期的专利无效或专利侵权；另一方面，外商投资企业开始利用专利保护来维护自己的权益，并通过“专利池”“专利丛林”等围攻中国企业，在这些行业中知识产权侵权面临的法律风险更高，因此企业丧失专属收益和长期垄断优势的可能性也就更大，从而进一步提高企业 R&D 投资的整体风险。根据传统的投资决策理论或其后期提出的实物期权决策方法或期权博弈方法可得，投资风险越高，越会导致企业采取放弃或延迟投资的决策。同时，为了防范这种知识产权风险，降低其他企业的侵权行为的发生，企业将进行专利申请来寻求知识产权保护。据此，本章提出假设 4-5 与假设 4-6。

假设 4-5：知识产权侵权和诉讼风险与企业 R&D 投资负相关。

假设 4-6：知识产权侵权和诉讼风险与企业被动的专利申请量正相关。

---

① 本书在此处的理论分析中，专利成本只包括模仿等知识产权风险所导致的被动专利成本，不包括企业因为创新成果丰富而主动申请的专利量，在后文的实证分析中，企业的主动专利申请倾向，通过加入企业 R&D 投资和其他变量加以控制。

② 专利成本只包括模仿等知识产权风险所导致的被动专利成本，不包括企业因为创新成果丰富而主动申请的专利量，企业的主动专利申请倾向，通过加入企业 R&D 投资和其他变量加以控制。

4.2　市场结构因素与行业知识产权风险体系

上一小节论述了在不同行业的市场结构下，知识外部性的特点及其对企业创新的影响。知识外部性又是导致知识产权风险的根源（如 2.1.3 节中所述）。知识产权风险程度，意味着创新企业被侵权的可能性，而侵权是一种犯罪。从犯罪学理论上来讲，犯罪经历是从犯罪动机形成、犯罪行为实施到犯罪目的实现的过程（罗大华和何为民，2002）。犯罪原因是指对犯罪的形成与变化具有决定作用的致罪因素。犯罪条件是指在犯罪情境中，有利于犯罪产生和发展的各种因素（赵维科，2005）。我们可以认为，犯罪原因导致犯罪形成，而犯罪条件的具备导致犯罪发生。知识外溢在一定程度上相当于犯罪形成，而知识产权法律风险则相当于犯罪发生。由于知识产权领域的犯罪一般为侵权行为，本书用侵权意愿代表犯罪原因，侵权难度代表犯罪条件，它们分别导致犯罪企业的侵权形成和侵权发生，从而形成被侵权企业的知识外溢风险和知识产权法律风险（其中被侵权的部分），知识产权法律风险中企业无意或有意成为侵权者而陷入诉讼的风险，本书以诉讼可能表示。因此，本书知识产权风险体系包括三个维度：侵权意愿、侵权难度、诉讼可能。依据上一小节的分析，本书将对应的市场结构特征纳入到三个维度之中，即辨析与分类哪些市场结构属于侵权意愿（犯罪原因），哪些市场结构特征属于侵权难度（犯罪条件），哪些市场结构特征属于诉讼可能，从而形成行业知识产权风险体系。

4.2.1　侵权意愿

侵权意愿为行业内部企业的创新成果或创新收益对其他企业的吸引力，以至于其他企业采取模仿或侵权行为的可能性。侵权意愿越强烈，则知识产权风险越高。本书笔者认为产品差异性体现侵权意愿，即产品差异性越小，产品的可替代性越强，则其他企业更可能采取模仿或侵权行为，使得侵权意愿越高。产品差异性程度与企业 R&D 投资的预期符号为正。产品差异性（产品不可替代性）的大小，反映了产品之间相互替代的程度，一般用需求的交叉价格弹性来衡量（陈正义，2010），即 $\theta_{ij}=\dfrac{\mathrm{d}q_i/q_i}{\mathrm{d}p_j/p_j}$。其中，$\theta_{ij}$ 为 i 产品需求量对 j 产品价格的交叉弹性；$\mathrm{d}q_i/q_i$ 为 i 产品的需求变化率；$\mathrm{d}p_j/p_j$ 为 j 产品的价格变化率。当 j 产品的价格变化对 i 产品的需求产生较大的影响，即 θ_{ij} 值较大时，表示两个产品间具有较高的可替代性。但该变量的测算，受制于行业内部不同产品价格与需求量的数据难以获得，因此本书中未予采用。卡尔顿和佩罗夫(2009)、Demsetz 和 Strahan(1997)、

Besanko 等（2000）、Nevo（2001）、Karuna（2007）使用价格边际成本指标即价格需求弹性的倒数（negative reciprocal）来衡量一个行业的产品可替代性。同一行业不同企业间产品的可替代性越强，市场竞争越激烈，价格越趋近于边际成本，因此价格边际成本越小。价格边际成本越小，产品可替代性越强，表明产品差异性越小，同样导致侵权意愿越高。本小节依据上述文献，将产品差异程度用价格边际成本表示，即 $\text{SUBST}=\dfrac{\sum_{n}\text{sales}_i}{\sum_{n}\text{operating costs}_i}$，其中，SUBST 表示行业的产品差异程度；$\text{sales}_i$ 表示行业内企业 i 的营业收入；operating costs_i 表示行业内企业 i 的营业成本（包括销售成本、销售费用、折旧、摊销）；n 表示行业内的企业数量。行业分类依据中国证监会制定的中国上市公司行业分类。

产品差异性还可以通过区分产品属于耐用消费品、中间投入品还是快速消费品来表示。Comanor 和 Wilson（1967）、Ronald（1978）根据不同行业的投入产出变量，采用因子分析法将产品市场特征分为四类：原料投入品、投资品、耐用消费品和快速消费品，认为在原料投入品和快速消费品行业中，简单的复制、模仿、更新、改进较为容易，技术的复杂性低，并且消费者具有重复购买的特性，因此在此类行业中，产品差异性显著，侵权意愿较高；在投资品和耐用消费品行业中，产品置换成本较高，消费者购买频率低，因此产品差异性低，模仿或侵权的可能性低且速度较慢，侵权意愿较低。本书依据 Comanor 和 Wilson（1967）、Ronald（1978）按产品市场特征进行行业分类的方法，将中国证监会指定的行业分类标准下的上市公司行业进行重分类，按产品差异性由小到大，即侵权意愿由强到弱分为：快速消费品行业（如电子行业——当新版本出现时，消费者会购买新的 MP4 产品或手机产品、医药或生物制品行业、信息技术行业）、中间投入品行业（如石油化学塑料产品行业、金属非金属行业）、专用设备和耐用消费品行业（如机械设备制造业、通信设备制造业——移动通信信号塔或基站一旦被购买就会使用多年）、其他行业。

4.2.2 侵权难度

侵权难度为行业内部其他企业实施侵权行为的难度，属于犯罪条件的范畴。在市场结构因素中，行业的市场壁垒越高，其他企业即使存在较高的侵权意愿，突破市场壁垒需要花费高额的成本，其进行模仿或侵权行为获得的收益将会降低或难以得到保障，因此构成犯罪条件不足，这样一来会阻止侵权犯罪的发生。因此行业的市场壁垒越高，侵权难度越高，则越有利于降低知识产权风险。行业的市场壁垒与企业 R&D 投资的预期符号为正。同时侵权难度还受到知识外溢程度的影响，行业内知识外溢越严重，其他企业进行模仿或侵权行为越容易，越能够剥夺创新企业的市场份额与收益，因此知识外溢程度越低，侵权难度越高，则知识产权风险越低。知识外溢程度与企业 R&D 投资的预期符号为负。

卡尔顿和佩罗夫（2009）认为行业的市场壁垒，通常包括最小有效企业规模、广告强度、资本密度和特定行业进入难度的主观判断。Rosenberg（1976）用资本密度、广告费用销售比、规模经济表示市场壁垒。马建堂（1992）认为，行业的市场壁垒具体包括消费者偏好、成本障碍、规模经济和市场容量，即消费者对已存商品的偏好、在位企业在成本和规模上的优势、较小的市场容量及难以分割的市场份额，都会对潜在进入的企业造成市场壁垒，阻碍其进入市场。Karuna（2007）认为，行业进入成本是每个行业的新进入企业，在组织生产进行产品商业化之前必须发生的最低投资数额，即进入行业的必要资本需求量/最小有效企业规模。由于资本密度的计算忽略了不同规模企业之间的差异，中国国内目前也缺乏行业内广告费用的数据，所以本书采用行业的必要资本需求量作为市场壁垒的指标。同时由于在不同的行业中，不同类型的资产的重要性不同，本书又将必要资本分为三种：固定资产、无形资产、企业职工薪酬，以更为细致地分析不同类型必要资本市场壁垒的影响。

固定资产进入壁垒是指进入某行业所必要的最低固定资产需求量，固定资产进入壁垒越高，潜在进入企业就需要筹备更多的厂房、设备、机器等必备固定资产，从而形成资金压力，迫使投资能力不足的企业放弃进入该行业，形成进入障碍。参照 Karuna（2007），本书采用每个行业中公司的加权平均固定资产净额作为固定资产进入壁垒，其中的权重为每个公司在行业中的市场份额，而市场份额用每个公司的营业收入在全行业营业收入中的比重来表示。

无形资产进入壁垒是指企业拥有的无形资产，代表企业的技术能力及企业为所拥有的知识产权资产所花费的代价（购买价格或申请费用等），无形资产数额越高，进入该行业越可能要花费更多的成本去获得相应的知识产权或其许可权，才能具备一定的技术能力开展企业的生产和商业化，因此也就会形成一种进入障碍。行业中企业的加权平均无形资产净额越高，则进入壁垒越高，侵权难度越高。

企业职工薪酬也能形成进入壁垒。因为对于创新企业，为大量员工提供高薪酬或以高薪酬留住高科技人才，将阻碍、降低企业的人才流失，降低知识外溢风险。此外在大量高科技企业中，人力资本超过固定资产、无形资产成为最重要的资产，企业职工薪酬对企业的意义则更为重大。对于模仿企业来说，如若不能达到等额或更高的薪酬水平，则难以从人才流动中获得新知识，甚至难以进入这一行业中进行类似的技术产品的生产。因此企业职工薪酬形成进入壁垒，职工薪酬水平越高，侵权难度越高①。

① 企业职工平均薪酬未能区分高科技人才、管理人员、普通员工的薪酬水平，因此未能有效地反映市场壁垒的大小，本书未采用这一指标。而高科技人才的薪酬水平缺少相关的数据。本书用企业职工薪酬来表示薪酬市场壁垒。

三种进入壁垒的计算公式分别表示为

$$\text{FIXENT} = \sum_n \text{fixasset}_i \times \text{marketshare}_i = \sum_n \text{fixasset}_i \times \left(\frac{\text{sales}_i}{\sum_n \text{sales}_i} \right) \quad (4\text{-}7)$$

$$\text{INTENT} = \sum_n \text{intangibleasset}_i \times \text{marketshare}_i = \sum_n \text{intangibleasset}_i \times \left(\frac{\text{sales}_i}{\sum_n \text{sales}_i} \right) \quad (4\text{-}8)$$

$$\text{PAYENT} = \sum_n \text{payment}_i \times \text{marketshare}_i = \sum_n \text{payment}_i \times \left(\frac{\text{sales}_i}{\sum_n \text{sales}_i} \right) \quad (4\text{-}9)$$

其中，FIXENT 为固定资产进入壁垒；INTENT 为无形资产进入壁垒；PAYENT 为企业职工薪酬进入壁垒；sales_i 为企业 i 的营业收入；marketshare_i 为企业 i 的市场份额，用该企业的营业收入占全行业营业收入中的比重来表示；fixasset_i 、intangibleasset_i 、payment_i 分别为企业 i 的固定资产净额、无形资产净额、职工总薪酬；n 为行业内企业总数。

本书未采用技术壁垒和行政壁垒的原因在于：①无论是差异技术壁垒还是创新技术壁垒，更普遍为个别企业所有，不存在某一个行业的通用技术壁垒。而一些行业中虽然存在行业技术标准，但技术标准极为庞杂和多样，难以进行定性度量。②行业行政壁垒往往体现行业内国有产权的控制力，是对潜在进入者或新进企业生产、经营全面的干涉，与模仿、侵权的知识产权风险存在过于间接的关系，因此本书也未予采用。

知识外溢程度直接体现知识外溢风险的大小，属于侵权难度的范畴。知识外溢程度越高，行业内部其他企业吸收创新企业新知识越容易，即侵权难度越高。段会娟（2010）对知识溢出的测度方法进行了综述，认为知识生产函数清晰地分析了知识溢出对创新的影响，这一方法对测算某一行业内的知识溢出具有适用性。但知识生产函数中对外溢池变量的界定，目前文献还存在争议。相对于 Spence（1984）的行业总外溢池（行业中所有企业 R&D 投资的总和），Jovanovic 和 Rob（1989）、Knott 等（2009）认为若行业中确实存在着行业领军企业与大量模仿跟随企业，有必要依此对知识溢出进行更细致的区分，并采用行业领导企业外溢池（行业领导企业的 R&D 流量与样本公司的 R&D 流量的差）。因此本书首先对中国上市公司 R&D 投资数据进行分析，发现 2007～2010 年四年主要的行业中确实存在均处于 R&D 投资领先地位的企业，如图 4-4 所示。除了医药、生物制品制造业，其他行业中均存在明显的领导企业与跟随企业。例如，在电子制造业中，股票代码 600839，即“四川长虹”在 2007～2009 年三年中都是行业内的 R&D 投资的绝

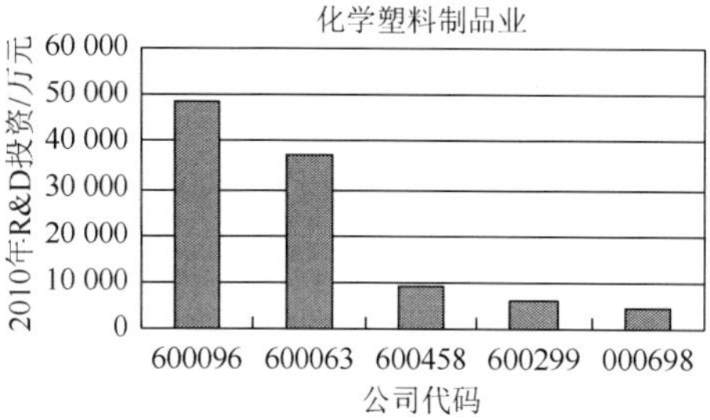
化学塑料制品业
2010年R&D投资/万元
60 000
50 000
40 000
30 000
20 000
10 000
0
600096 600063 600458 600299 000698
公司代码

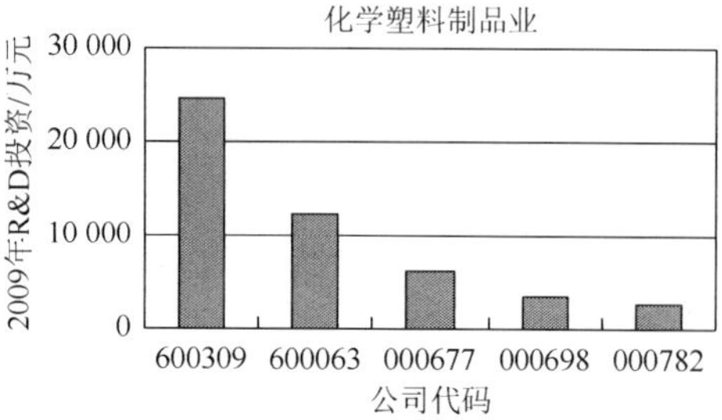
化学塑料制品业
2009年R&D投资/万元
30 000
20 000
10 000
0
600309 600063 000677 000698 000782
公司代码

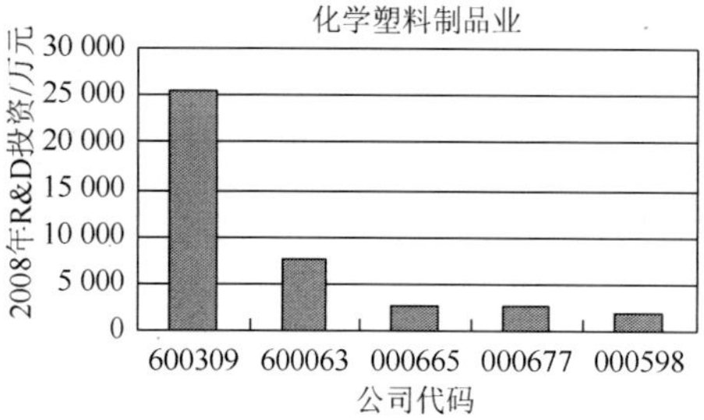
化学塑料制品业
2008年R&D投资/万元
30 000
25 000
20 000
15 000
10 000
5 000
0
600309 600063 000665 000677 000598
公司代码

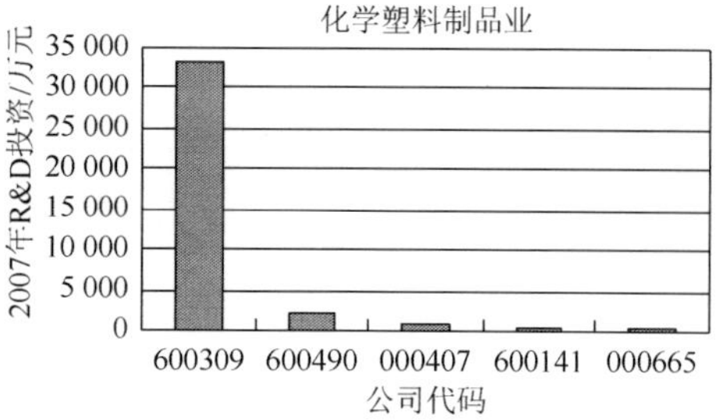
化学塑料制品业
2007年R&D投资/万元
35 000
30 000
25 000
20 000
15 000
10 000
5 000
0
600309 600490 000407 600141 000665
公司代码

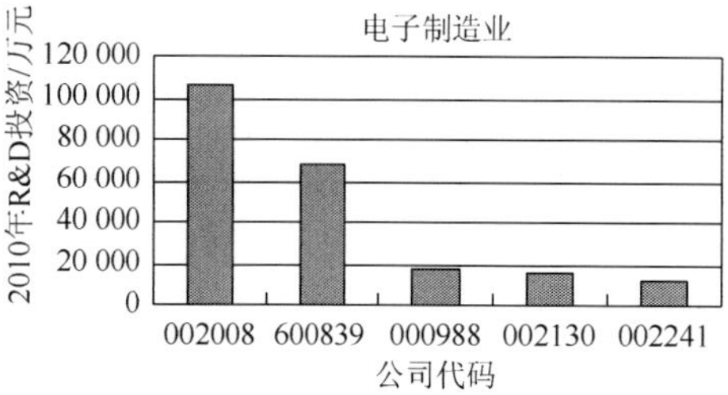
电子制造业
2010年R&D投资/万元
120 000
100 000
80 000
60 000
40 000
20 000
0
002008 600839 000988 002130 002241
公司代码

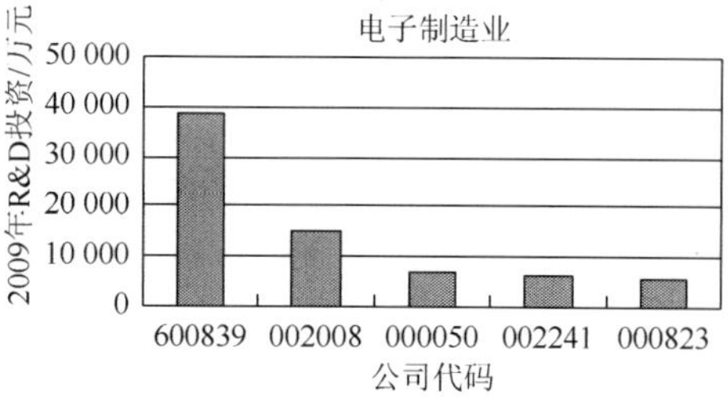
电子制造业
2009年R&D投资/万元
50 000
40 000
30 000
20 000
10 000
0
600839 002008 000050 002241 000823
公司代码

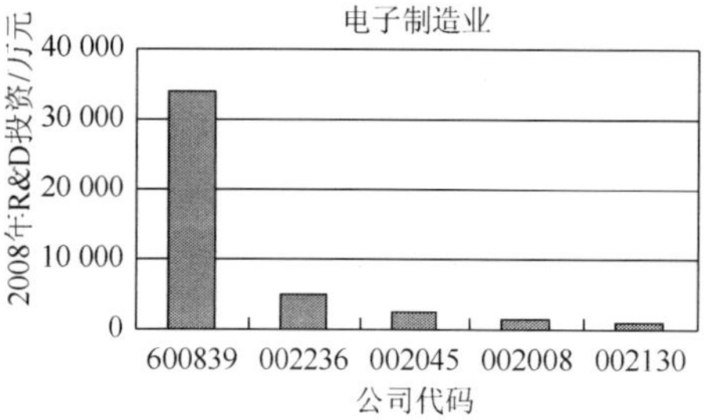
电子制造业
2008年R&D投资/万元
40 000
30 000
20 000
10 000
0
600839 002236 002045 002008 002130
公司代码

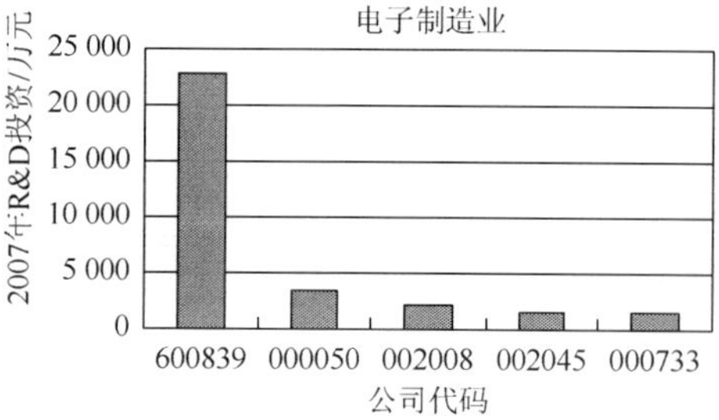
电子制造业
2007年R&D投资/万元
25 000
20 000
15 000
10 000
5 000
0
600839 000050 002008 002045 000733
公司代码

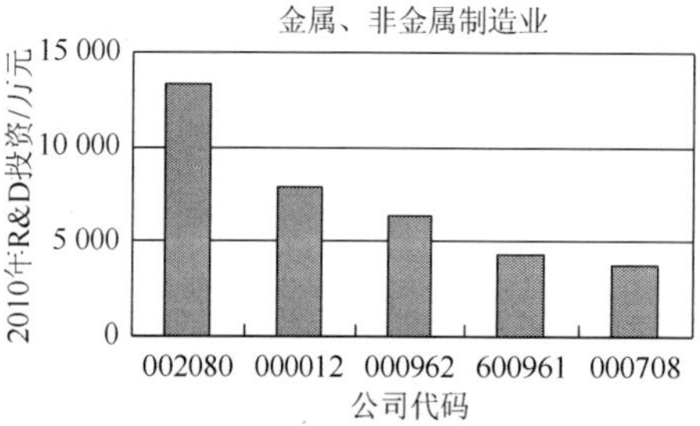
金属、非金属制造业
2010年R&D投资/万元
15 000
10 000
5 000
0
002080 000012 000962 600961 000708
公司代码

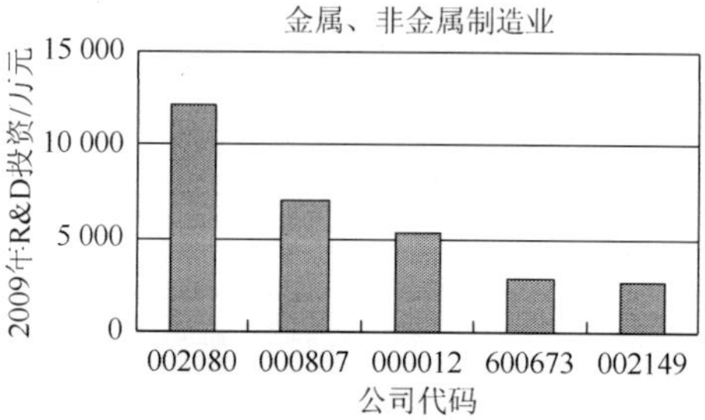
金属、非金属制造业
2009年R&D投资/万元
15 000
10 000
5 000
0
002080 000807 000012 600673 002149
公司代码

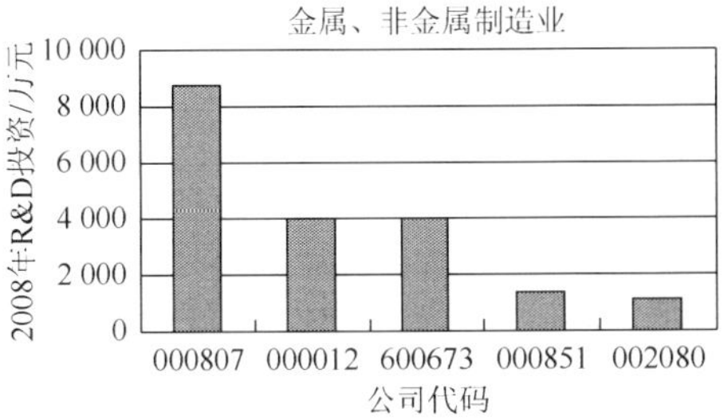
金属、非金属制造业
2008年R&D投资/万元
10 000
8 000
6 000
4 000
2 000
0
000807 000012 600673 000851 002080
公司代码

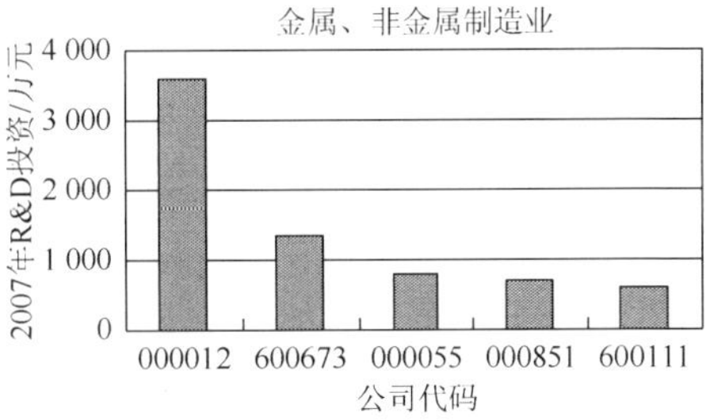
金属、非金属制造业
2007年R&D投资/万元
4 000
3 000
2 000
1 000
0
000012 600673 000055 000851 600111
公司代码

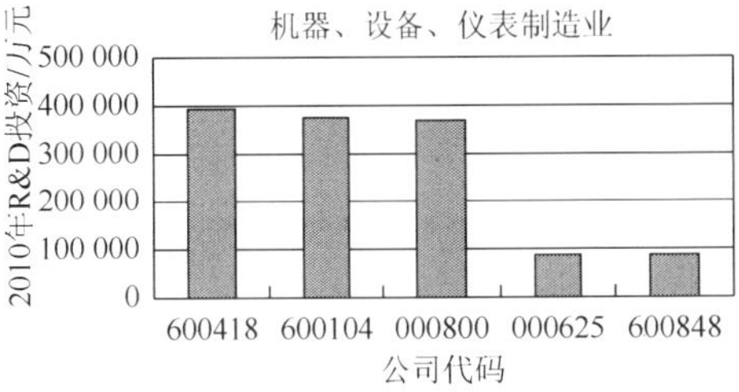
机器、设备、仪表制造业
2010年R&D投资/万元
500 000
400 000
300 000
200 000
100 000
0
600418 600104 000800 000625 600848
公司代码

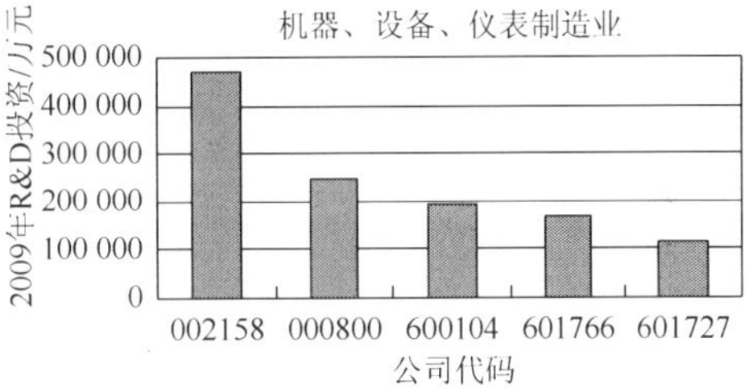
机器、设备、仪表制造业
2009年R&D投资/万元
500 000
400 000
300 000
200 000
100 000
0
002158 000800 600104 601766 601727
公司代码

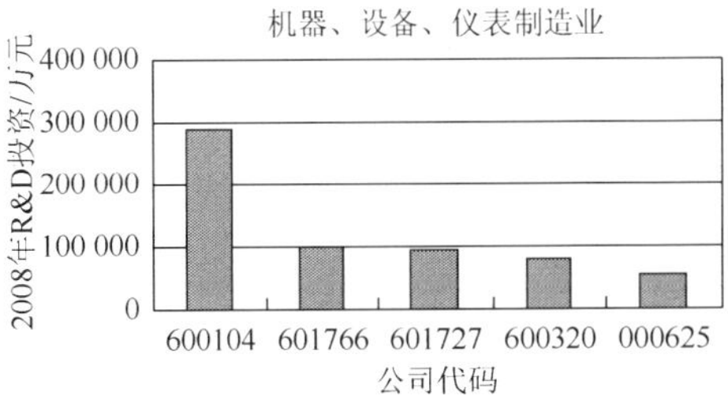
机器、设备、仪表制造业
2008年R&D投资/万元
400 000
300 000
200 000
100 000
0
600104 601766 601727 600320 000625
公司代码

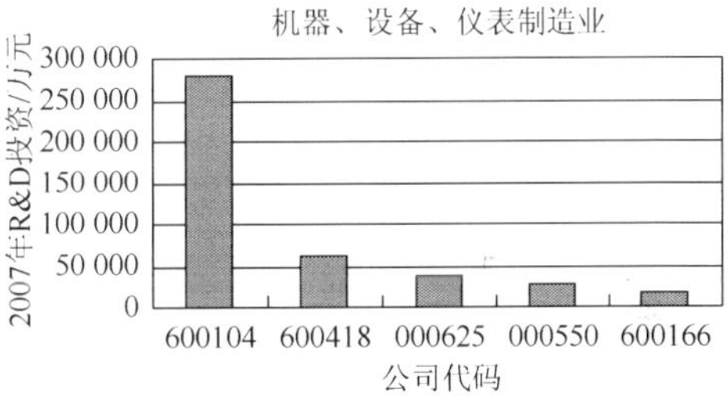
机器、设备、仪表制造业
2007年R&D投资/万元
300 000
250 000
200 000
150 000
100 000
50 000
0
600104 600418 000625 000550 600166
公司代码

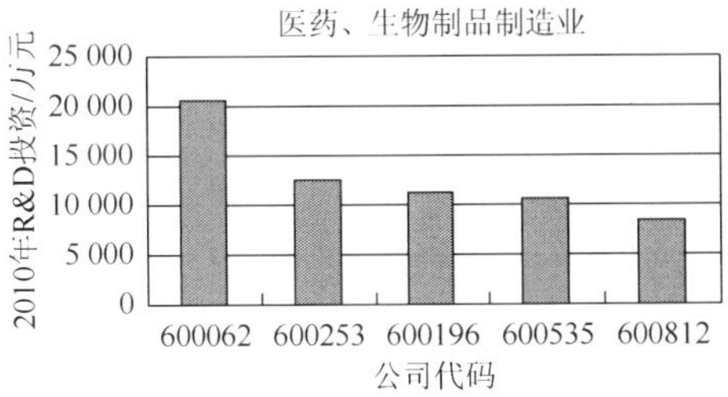
医药、生物制品制造业
2010年R&D投资/万元
25 000
20 000
15 000
10 000
5 000
0
600062 600253 600196 600535 600812
公司代码

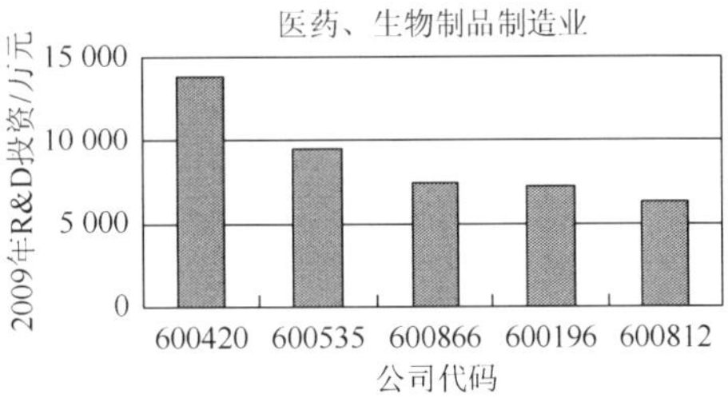
医药、生物制品制造业
2009年R&D投资/万元
15 000
10 000
5 000
0
600420 600535 600866 600196 600812
公司代码

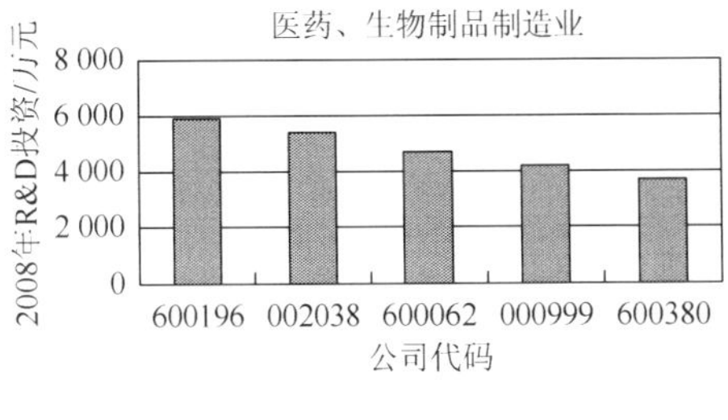
医药、生物制品制造业
2008年R&D投资/万元
8 000
6 000
4 000
2 000
0
600196 002038 600062 000999 600380
公司代码

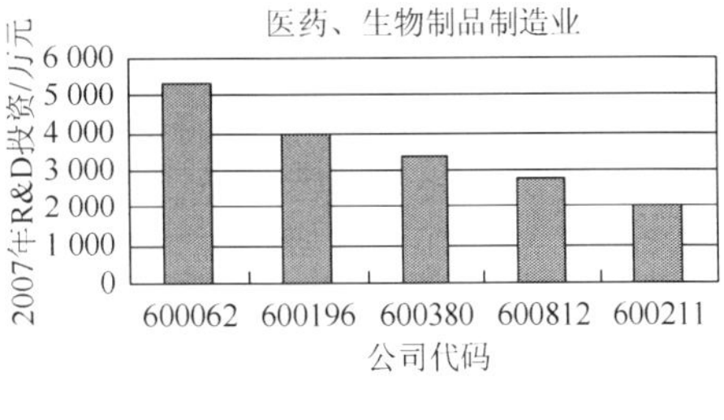
医药、生物制品制造业
2007年R&D投资/万元
6 000
5 000
4 000
3 000
2 000
1 000
0
600062 600196 600380 600812 600211
公司代码

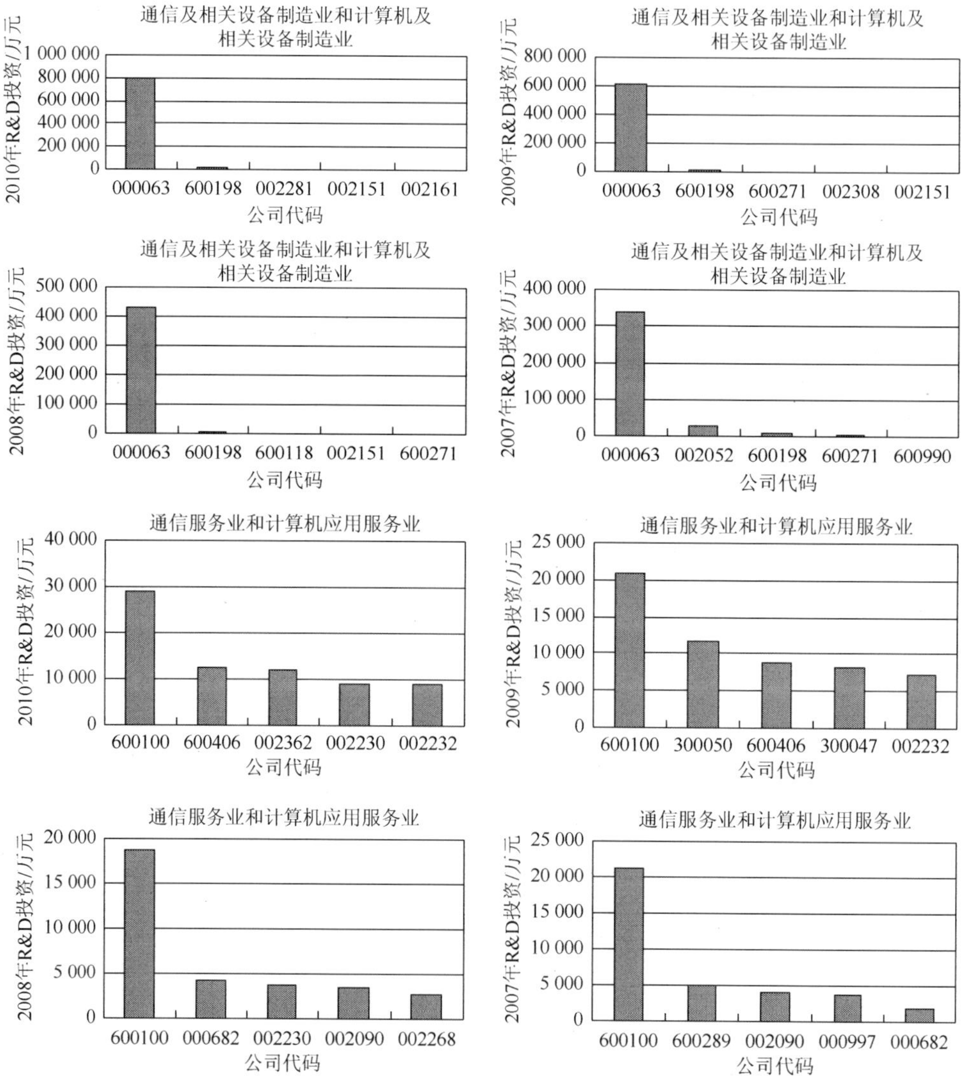

图 4-4　2007～2010 年主要行业 R&D 投资前五名

对领导者，2010 年被股票 002008，即“大族激光”迎头赶上。在通信及相关设备制造业和计算机及相关设备制造业中，股票代码 000063，即“中兴通迅”，在 2007～2010 年都是行业中 R&D 投资的领导企业。通信服务业和计算机应用服务业中，股票代码 600100，即“同方股份”是行业的绝对领导者。根据此分析结果，本书采用行业领导者外溢池，即行业领导企业的 R&D 流量与样本公司的 R&D 流量的差表示。在不存在领导企业与跟随企业的医药、生物制品制造业，在知识生产函数中采用行业总外溢池来计算。其中行业领导企业根据图 4-4，选取每一年各行业中处于 R&D 投资领先地位的企业。本书的行业分类，根据中国证监会 2001 年发布的《上市公司行业分类指引》中的第一级行业门类，但由于各年拥有 R&D 投资的上市公司样本数量有限，按照行业分类后每个行业中的样本数量会变得更少，为了保持统计显著性，只选取了其中具有足够回归样本数的七个行业计算知识外溢，这七个行业中行业领导者的选取见表 4-1。

表 4-1　主要行业中 R&D 投资领导者

行业大类名称（代码）	2007 年	2008 年	2009 年	2010 年
化学塑料制品业（C4）	万华大学	万华大学	万华大学	云天化、皖维高新
电子制造业（C5）	四川长虹	四川长虹	四川长虹	大族激光、四川长虹
金属、非金属制造业（C6）	南玻 A	云铝股份、南玻 A	中材科技、云铝股份 南玻 A	中材科技、南玻 A
机械、设备、仪表制造业（C7）	上汽集团	上汽集团	汉钟精机、一汽轿车 上汽集团	江淮汽车、上汽集团 一汽轿车
医药、生物制品制造业（C8）	华润双鹤	复星医药	现代制药	华润双鹤
通信及相关设备制造业和计算机及相关设备制造业（G81、G83）	中兴通讯	中兴通讯	中兴通讯	中兴通讯
通信服务业和计算机应用服务业（G85、G87）	同方股份	同方股份	同方股份	同方股份

注：①由于石油行业的特殊性，在 C4 中去除了 C41 石油加工及炼焦业。另外，C4 本来为石油、化学、塑胶、塑料制造业，但本书中不存在石油制品行业，简化为化学塑料制品业。②由于上市公司 R&D 数据披露尚未完全规范，某些上市公司存在选择性数据披露的嫌疑，如“万华大学”在 2007～2009 年均为 R&D 投资的行业领导企业，但 2010 年未披露 R&D 投资，因此 2010 年化学塑料塑胶制品业的 R&D 投资领导企业换为其他 R&D 投资数据领先的企业。③本书并未只选择每年行业中 R&D 投资最大的一家企业作为领导企业，因为某些企业虽然在某些年份中并不是 R&D 投资最大，但在 2007～2010 年四年中仍稳定地处于行业前三名中，并与后续企业存在较大的投资差额，如“四川长虹”“南玻 A”“上汽集团”，因此在电子制造业、金属、非金属制造业、机械、设备、仪表制造业中，存在多个领导企业的情况

在选取行业领导企业，计算出行业领导企业外溢池的基础上，本书采用 Knott 等（2009）的方法，将样本公司按第一级行业门类分组，运用 Stata11.0 软件，在 2007～2010 年各年中对式（4-10）进行分行业的随机系数回归，外溢池 S_{it} 的回归系数 θ 即表示该行业的知识外溢程度；而 R_{it} 的回归系数 α 表示该行业的研发效率。模型 1

$$Y_{it} = \beta K_{it} + \gamma L_{it} + \alpha R_{it} + \theta S_{it} + c + \varepsilon_{it} \tag{4-10}$$

其中，Y_{it} 表示企业 i 在第 t 年的营业收入的对数；K_{it} 表示企业 i 在第 t 年的固定资产净额的对数；L_{it} 表示企业 i 在第 t 年的职工总数的对数；R_{it} 表示企业 i 在第 t 年的 R&D 投资的对数；S_{it} 表示企业 i 在第 t 年的外溢池的对数，外溢池=行业领导者的 R&D 投资−本企业的 R&D 投资；β，γ，α，θ 表示回归系数；c 表示常数项；ε_{it} 表示随机误差项。

本书对模型 1 采用随机系数回归而并未分行业进行普通最小二乘法（ordinary least square，SLS）回归来计算知识外溢程度，是因为在不同的行业之间，误差项应该是相关的。随机系数回归模型认为变量的系数随时间或组别的不同并非是固定的，更优于 OLS 回归（Knott et al.，2009）。此外，在模型 1 中，R_{it}、S_{it} 并未类似于固定资产净额采用存量指标，是因为：①如 Knott 等（2009）所言，大部分样本公司的 R&D 存量在各年中保持稳定，新的 R&D 流量投资正好补偿了折旧额，因此 R&D 存量和流量在模型 1 中是经济等价（economic equivalence）的。②如果计算 R&D 存量，按照传统的计算方法，Lev 和 Sougiannis（1996）的方法，需要使用到折旧率，而折旧率的计算一般需要长年的数据去估计。本书中的 R&D 投资数据取自 2006 年会计准则变更之后，即 2007～2010 年四年的数据，进行折旧率的估计存在样本期间短、结果不精确的缺点。因此本书中采用 R&D 流量来计算 R_{it}、S_{it}。此外，本书仍在稳健性检验中依据 Lev 和 Sougiannis（1996）的方法利用 2007～2010 年的数据计算出 R&D 存量，使用相应的 R_{it}、S_{it} 进行模型 1 的随机系数回归模型，不影响本书结果。

4.2.3 诉讼可能

知识产权风险不仅来源于外部性，还来源于法律诉讼。诉讼可能是指企业专利被侵权与侵权及企业陷入专利诉讼的可能性，诉讼可能越大，知识产权风险越高。企业因为有意或无意的专利侵权而陷入专利诉讼，导致大额赔偿。企业声誉和专利竞争优势受损的情况，在中国目前也非常普遍。一方面，大多数中国企业忽视知识产权管理，经常面临创新后期的专利无效或专利侵权；另一方面，外商投资企业开始利用专利保护来维护自己的权益，并通过“专利池”“专利丛林法则”等围攻中国企业，国外专利申请比例较高的行业中，这种“专利圈地”的现象更为严重。诉讼可能在不同的行业中也存在显著差异。中国国家知识产权局数据显示，生物医药、移动通信等领域，国外申请的专利占八成以上（孙银生，2008）。在这些行业中知识产权侵权行为较为严重，中国企业可能会面临更多的侵权诉讼，知识产权侵权法律风险更高。因此，本书中根据国家知识产权局的统计数据，将国际专利分类法下的国外专利（发明专利）申请占全部专利（发明专利）申请的比例，根据专利运用所属行业，重新按照上市公司行业分类法进行匹配与重分类，作为衡量不同行业的专利侵权风险①。同时，

① 专利授权数更能够体现“专利圈地”的作用，但受制于专利审核部门的主观因素影响，因此本书中将国外专利授权占总专利授权的比例，作为替代变量进行稳健性检验。发明专利更具有新颖性，研发难度更高，因此发明专利更能体现专利布局的特点，本书中采用国外发明专利申请占总申请数的比例作为主要变量，对国外专利申请占总申请数进行稳健性检验。所得结果均不影响本书中结论。

根据此分类法，本书计算不同行业的专利（发明专利）申请总数，行业内专利（发明专利）申请总数越大，则专利保护相对越为成熟，知识产权法律风险越低。诉讼可能变量的计算公式：

$$\text{PFOREAPP} = \frac{\text{foreign innovation patent application}_j}{\text{innovation patent application}_j} \times 100\% \tag{4-11}$$

$$\text{PATAPP} = \text{innovation patent application}_j$$

其中，PFOREAPP 表示国外发明专利申请比例；$\text{foreign innovation patent application}_j$ 表示行业 j 中国外发明专利申请数；PATAPP 即 $\text{innovation patent application}_j$ 表示行业 j 中发明专利申请总数；行业 j 是将国际专利分类法下专利运用所属行业，重新按照上市公司行业分类法进行匹配与重分类所得。

根据以上分析，本书行业知识产权风险变量体系，见表 4-2。

表 4-2　行业知识产权风险变量体系

知识产权风险维度	风险子类	变量名称	变量计算
侵权意愿（犯罪原因）	产品市场特征	PROMAR	PROMAR1，当公司所处行业为快速消费品行业时取 1，否则取 0 PROMAR2，当公司所处行业为中间材料生产行业时取 1，否则取 0 PROMAR3，当公司所处行业为专用设备耐用消费品行业时取 1，否则取 0 PROMAR4，当公司所处行业为其他行业时取 1，否则取 0
	产品差异程度	SUBST	全行业营业收入/全行业营业成本
侵权难度（犯罪条件）	固定资产进入壁垒	FIXENT	行业加权平均固定资产净额= $\sum_n$ 固定资产净额×市场份额
	无形资产进入壁垒	INENT	行业加权平均无形资产净额= $\sum_n$ 无形资产净额×市场份额
	职工薪酬进入壁垒	PAYENT	行业加权平均职工总薪酬净额= $\sum_n$ 应付职工薪酬本期增加额×市场份额
	知识外溢	SPILL	$Y_{it} = \beta K_{it} + \gamma L_{it} + \alpha R_{it} + \theta S_{it} + c + \varepsilon_{it}$ 的分行业随机系数回归模型中，外溢池 S_{it} 的系数
诉讼可能（犯罪发生）	专利侵权风险	PFOREAPP	行业中国外发明专利申请数/行业发明专利申请总数
	专利诉讼风险	PATAPP	行业发明专利申请总数

4.3　行业知识产权风险与企业 R&D 投资关系的实证研究

4.3.1　变量选择与检验模型

本章中假设 4-1、假设 4-2 和假设 4-5 用于检验行业知识产权风险与企业 R&D

投资的关系，因此，本书中的被解释变量为企业的 R&D 投资额。解释变量为行业知识产权风险，包括上一节所述的行业知识产权风险体系中侵权意愿、侵权难度、诉讼可能三个维度中包含的八个变量。控制变量依据以往研究企业 R&D 投资影响因素的文献选取，本书的基本检验模型为

$$
\begin{aligned}
\mathrm{RD}_{it} &= \alpha + \beta_1 \mathrm{PROMAR1}_{it} + \beta_2 \mathrm{PROMAR2}_{it} + \beta_3 \mathrm{PROMAR4}_{it} \\
&\quad + \beta_4 \mathrm{SUBST}_{it} + \beta_5 \mathrm{CONTROLV}_{it} + \varepsilon_{it} \\
\mathrm{RD}_{it} &= \alpha + \beta_1 \mathrm{FIXENT}_{it} + \beta_2 \mathrm{INENT}_{it} + \beta_3 \mathrm{SPILL}_{it} + \beta_4 \mathrm{PAYENT}_{it} \\
&\quad + \beta_5 \mathrm{CONTROLV}_{it} + \varepsilon_{it} \\
\mathrm{RD}_{it} &= \alpha + \beta_2 \mathrm{PFOREAPP}_{it} + \beta_3 \mathrm{PATAPP}_{it} + \beta_4 \mathrm{CONTROLV}_{it} + \varepsilon_{it} \\
\mathrm{RD}_{it} &= \alpha + \beta_1 \mathrm{PROMAR1}_{it} + \beta_2 \mathrm{PROMAR2}_{it} + \beta_3 \mathrm{PROMAR4}_{it} + \beta_4 \mathrm{SUBST}_{it} \\
&\quad + \beta_5 \mathrm{FIXENT}_{it} + \beta_6 \mathrm{INENT}_{it} + \beta_7 \mathrm{SPILL}_{it} + \beta_8 \mathrm{PAYENT}_{it} + \beta_9 \mathrm{PFOREAPP}_{it} \\
&\quad + \beta_{10} \mathrm{PATAPP}_{it} + \beta_{11} \mathrm{CONTROLV}_{it} + \varepsilon_{it}
\end{aligned}
\tag{4-12}
$$

其中，RD 表示企业 R&D 投资；知识产权风险变量，如表 4-2 所示；CONTROLV 表示控制变量，包括以下指标。

（1）企业规模。一般认为企业规模是影响 R&D 投资的重要因素，熊彼特认为大企业拥有更多的资源条件与技术能力开展技术创新，投资 R&D 活动；阿罗则认为大企业尤其是垄断企业，由于拥有较高的利润率，缺乏竞争的威胁，所以 R&D 投资的积极性不高。两者的争论得到了广泛的关注和检验，不同的实证研究由于在样本选取、变量设计等方面不同而得到了不同的结论，企业规模对 R&D 投资的影响仍然不明确。但企业规模作为影响企业研发能力的重要因素，仍需要加以控制。本书中采用公司年末总资产 ASSET 表示企业规模。

（2）盈利能力。R&D 活动往往投资大、风险高、回收期长，较高的盈利能力是支撑企业获得营业收入和现金流的基础，从而形成支持 R&D 投资的重要条件。当企业盈利能力处于较低水平或盈利能力受挫时，将被动降低 R&D 投资这种高风险、高投入的投资。因此，盈利能力对企业 R&D 投资应具有很强的正相关性。本书中采用总资产收益率（return to total assets，ROA）表示盈利能力。

（3）负债水平。企业进行债务融资，债权人对于风险大且周期长的 R&D 投资所附带的条件会更为苛刻，甚至限制企业进行高风险的投资。而本身高负债的企业，由于偿付本息需要稳定的现金流，所以也倾向于更加谨慎地进行 R&D 投资，负债水平与企业 R&D 投资负相关。本书中采用资产负债率（asset liability ratio，LEV）表示负债水平。

（4）股权性质。不同股权性质的企业所面临的任务和目标也不同，因而对企业的 R&D 投资也具有不同的态度。本书中根据上市公司实际控制人性质 STACON 将样本公司分为国有企业与非国有企业。企业产权理论的有关研究认为，国有资

本容易出现投资主体缺位、投资效率低下等问题。作为国有资本出资人的各级国有资产监督管理委员会或政府部门，缺乏对投出资本及经理层进行监督的激励（文芳，2008）。国有企业经理层也可能以出资人的利益为代价，利用企业资本谋取个人私利，而并不关注在传统绩效考核之外的 R&D 投资。国有企业经理层往往由上级政府部门任命，经过较短的任期后又调往其他部门，因此在任期内，经理往往关注于具有短期绩效的投资，而回收期长的 R&D 投资因其可能造成“前人种树，后人乘凉”的结果，而难以受到青睐。因此实际控制人 STACON 为国有性质的企业，R&D 投资相对较低。本书中根据企业实际控制人性质进行分类，将实际控制人分为国有企业、国有机构（包括国务院国有资产监督管理委员会、财政部、商务部等中央国有机构或省地市县级国有机构），经济开发区、事业单位确定为国有性质，其他（民营企业、外国政府、自治组织、自然人）确定为非国有性质。企业实际控制人性质为国有性质，取 1，否则取 0。

（5）高管特征。企业高管人员是企业投资的决策者，因此一个企业的高管人员特征对企业 R&D 投资具有重要影响。企业首席执行官（chief executive officer，CEO）作为实际经营者，其对企业技术创新的支持是重要的因素之一。Child（1974）、Barker 和 Mueller（2002）认为，年长的高管人员由于体力、认知的固有思维，不愿进行组织变革，对新技术的接受程度也有限，所以 CEO 年龄与企业 R&D 投资呈负相关。而高管人员薪酬和高管人员持股的激励，对企业 R&D 投资具有正向影响。薪酬高并且持有企业股票的高管人员，有动力通过技术创新，提高企业的长期利益，从而提高公司未来的股票价值，也提高自己的身价，因此企业的 R&D 投资水平也就越高。本书中采用 CEO 年龄（CEOAGE）、CEO 薪酬（CEOPAY）、CEO 是否持股（CEOOWN）作为高管人员特征加以控制，拥有公司股取 1，否则取 0。

具体的行业知识产权风险与企业 R&D 投资模型变量定义，见表 4-3。

表 4-3 行业知识产权风险与企业 R&D 投资模型变量定义表

变量名称	预期符号	变量计算
LNRD	因变量	企业 R&D 投资的自然对数，“开发支出”科目的当期增加额自然对数
PROMAR		产品市场特征，变量计算见表 4-2
SUBST	+	产品差异程度，全行业营业收入/全行业营业成本
FIXENT	+	固定资产进入壁垒，行业加权平均固定资产净额的自然对数
INENT	+	无形资产进入壁垒，行业加权平均无形资产净额的自然对数
PAYENT	+	职工薪酬进入壁垒，行业加权平均职工总薪酬净额的自然对数
SPILL	−	知识外溢，变量计算见表 4-2
PFOREAPP	−	专利侵权风险，行业中国外发明专利申请数/行业发明专利申请总数

续表

变量名称	预期符号	变量计算
PATAPP	+	专利诉讼风险，行业发明专利申请总数的自然对数
ASSET	+	企业规模，年末总资产的自然对数
ROA	+	总资产收益率，净利润/平均总资产
LEV	–	资产负债率，年末总负债/年末总资产
STACON	–	实际控制人性质，国有性质取 1，否则取 0
CEOAGE	–	CEO 年龄
CEOPAY	+	CEO 薪酬的自然对数
CEOOWN	+	CEO 拥有公司股权取 1，否则取 0

4.3.2　样本删选与数据来源

1. 样本删选

本书中的原始数据来自 2007～2010 年上海证券交易所和深圳证券交易所所有 A 股上市公司，最终样本的选取步骤为：①选取于 2007～2010 年年报的附注中，披露了 R&D 投资数据的上市公司；②剔除 2010 年上市的公司，这是因为此类公司的各项财务指标往往受到公司刚上市的影响，与其他公司的指标具有不可比性；③剔除金融行业的上市公司，因为金融行业会计制度、财务特征与其他行业公司存在显著差异；④剔除 ST（特别处理 ST，指财务状况或其他状况出现异常）、PT（对暂停上市股票实施“特别转让服务”，与正常交易股票的交易时间、涨跌幅限制、撮合方式、交易性质不同）的上市公司；⑤剔除营业收入和总资产异常值的样本公司，其中若异常值的样本公司属于行业领导企业，则予以保留；⑥剔除数据不全的部分公司。本书中最终获得 2007 年 124 家、2008 年 174 家、2009 年 217 家、2010 年 244 家，共 759 个非平衡面板数据样本。

2. 数据来源

（1）R&D 投资数据：本书中的 R&D 投资数据来源于 CSMAR 数据库中上市公司年报，附注数据库的“开发支出”和“无形资产”项目中开发支出科目的当期增加额。

按照 2006 年财政部出台的新会计准则《企业会计准则第 6 号——无形资产》的规定：“企业内部研究开发项目的支出，应当区分研究阶段支出与开发阶段支出。”研究阶段的支出，应当于发生时计入当期损益；其开发阶段的支出需同时满足准则规定的五个条件才能确认为无形资产。这意味着会计准则对 R&D 支出的规定由以往的非强制披露转为强制披露。资产负债表“开发支出”科目的当期增加额（而非期末余额），反映了当期发生的 R&D 支出额，包括研究阶段支出确认为损益计入“管理费用”科目的部分、开发阶段支出符合无形资产确认条件已计入“无形资产”科目的部分，以及开发阶段支出未计入“无形资产”科目的部分，是本期 R&D 支出的实际发生额。“开发支出”科目的明细在上市公司资产负债表附注“开发支出”和“无形资产”项目中加以披露，是本书中上市公司 R&D 投资额的数据来源。

新会计准则实施后，不再在“待摊费用”“长期待摊费用”“预提费用”科目披露 R&D 投资数据，因此本书中未搜索这些科目下的明细数据。而上市公司现金流量表中的“支付的其他与经营活动有关的现金”项目中，虽然大量披露了“研发费用”“开发费用”等数据，但因为现金流量表的编制基础为收付实现制，与本书中所用的其他权责发生制的数据不能匹配。

（2）行业专利数据：基础数据来源于 2007～2010 年中国国家知识产权局统计信息中的统计年报，其中插此表，将发明专利、实用新型专利和专利合计的申请数与授权数，按国际专利分类法的部、大类、小类进行了分类统计，并对中国国内数据和国外数据进行了区分。本书中将该分类统计表按照中国证监会制定的《上市公司行业分类指引》进行重新分类和汇总，得到中国上市公司行业专利申请数和专利授权数。

（3）其他变量数据，来自 CSMAR 数据库、上市公司年报。

4.3.3　描述性统计

1. 上市公司 R&D 投资的描述性统计

如表 4-4 所示，列示了在中国上市公司中本书所选取的样本公司的 2007～2010 年 R&D 投资的描述性统计结果，从中可以看出，进行 R&D 投资的上市公司数量逐年增加，R&D 投资越来越受到上市公司的重视（按照新会计准则进行 R&D 信息披露的上市公司数量逐年增多，R&D 信息披露的充分性逐步提高）。从均值与中位数来看，R&D 投资额也逐年增加，呈现出逐年递增的趋势，上市公司 R&D 投资力度提高。从 2007～2010 年各年最大值和最小值及标准差来看，不同上市公司之间 R&D 投资额的离散度高，这说明样本公司在 R&D 投资行为上存在非常大的差异。但是将 RD 取自然对数后的 LNRD，2007～2010 年在分年和混合年份的标准差数值大大降低。因此后文的随机系数回归分析中，本书将采用 LNRD 作为因变量的取值。

表 4-4 样本公司 R&D 投资 2007～2010 年的分年度描述性统计

变量名称	年份	样本数	均值	中位数	标准差	最小值	最大值
RD/万元	2007	124	8 134	730	39 634	9.045	339 191
	2008	174	8 889	1 100	41 033	0.901	428 355
	2009	217	14 318	1 942	59 014	0.700	619 651
	2010	244	16 349	2 424	68 608	0.180	789 296
	2007～2010	759	12 716	1 559	56 146	0.180	789 296
LNRD/元	2007	124	15.884	15.802	1.879	11.413	21.945
	2008	174	16.098	16.214	1.983	9.106	22.178
	2009	217	16.603	16.782	2.115	8.854	22.547
	2010	244	16.927	17.004	1.962	7.496	22.789
	2007～2010	759	16.474	16.562	2.034	7.496	22.789

如表 4-5 所示，列示了在中国上市公司中本书所选取的样本公司的 R&D 投资，按行业分类指引中的行业大类进行分组的描述性统计结果。《上市公司行业分类指引》中共有 13 个行业门类（如门类 B 采掘业、门类 C 制造业）、70 个二级行业类别（如行业 B01 煤炭采选业，C0 食品、饮料制造业）。由于样本公司大多数集中于制造业行业门类中，所以将制造业按照二级行业类别进行再分组，与其他行业门类组成共 20 个行业组别。在 G 信息技术业中，G81、G83 为通信及相关设备制造业和计算机及相关设备制造业，而 G85、G87 为通信服务业和计算机应用服务业，分别属于制造业和服务业，行业差别较大，因此也将其分为两类。综上，本书最终的行业组别为 21 组，如表 4-5 所示。

表 4-5 样本公司 R&D 投资的分行业描述性统计及差异检验

行业大类名称（代码）	样本数/个	均值/万元	中位数/万元	最小值/万元	最大值/万元	标准差/万元
农、林、牧、渔业（A）	9	1 722	1 859	174	3 394	1 028
采掘业（B）	9	7 860	1 579	66	35 377	12 498
食品、饮料制造业（C0）	14	647	502	16	2 184	652
纺织、服装、皮毛制造业（C1）	8	1 263	263	88	5 034	2 003
造纸、印刷制造业（C3）	7	11 010	895	56	73 461	27 541
化学塑料制品业（C4）	75	3 615	873	11	48 591	8 681
电子制造业（C5）	69	6 244	1 336	1	106 073	16 005
金属、非金属制造业（C6）	49	2 679	1 314	0.18	13 302	3 264
机械、设备、仪表制造业（C7）	218	24 728	2 556	1	471 939	67 787
医药、生物制品制造业（C8）	118	2 784	1 639	9	20 469	3 301
其他制造业（C9）	9	1 859	1 026	334	7 877	2 412

续表

行业大类名称（代码）	样本数/个	均值/万元	中位数/万元	最小值/万元	最大值/万元	标准差/万元
电力、煤气及水的生产和供应业（D）	8	895	628	419	2 514	698
建筑业（E）	7	31 474	4 696	221	179 414	65 991
交通运输、仓储业（F）	2	847	847	524	1 171	457
通信及相关设备制造业和计算机及相关设备制造业（G81、G83）	39	58 876	2 284	1	789 296	175 598
通信服务业和计算机应用服务业（G85、G87）	61	4 366	2 542	6	28 808	5762
批发和零售贸易（H）	12	3 070	2 040	18	8 750	2980
房地产业（J）	10	3 816	349	65	35 675	11 196
社会服务业（K）	2	1 109	1 109	85	2 133	1 448
传播与文化产业（L）	4	451	471	50	813	390
综合类（M）	29	1 006	693	22	4 866	1 137
Kruskal-Wallia 秩和检验			93.164***			

***表示系数在 0.01 水平上显著

如表 4-5 所示，进行 R&D 投资的上市公司主要集中在制造业和信息技术业之中，这与两类行业中对技术创新、产品更新换代的需求较高的情况相符。在制造业和信息技术业中，通信及相关设备制造业和计算机及相关设备制造业的 R&D 投资均值为最大，其中“中兴通讯”在 2007～2010 年四年中均保持了高额的 R&D 投资额，具有强大的研发能力。然后两个行业中 R&D 投资均值由大到小依次为机械、设备、仪表制造业，造纸、印刷制造业，电子制造业，通信服务业和计算机应用服务业，化学塑料制品业，医药、生物制品制造业，金属、非金属制造业，纺织、服装、皮毛制造业和食品、饮料制造业。机械、设备、仪表制造业中涉及大量类型的机械设备的生产（如普通机械、专用机械、医疗器械、运输设备、电器机械等），其研发成本中需耗费昂贵的机械材料及人力成本，因此所需的 R&D 投资均值金额较高。造纸、印刷业的三家样本公司（四年共七个样本值）的 R&D 投资均值金额均较高，与造纸、印刷业的技术更新速度快，来自国内外尤其是国外印刷业公司的激烈竞争压力密切相关。电子制造业、通信服务业和计算机应用服务业也是上市公司 R&D 投资均值金额较高的行业，这些行业中存在大量的高新技术企业，技术创新、研发投资是这些企业发展的根本。化学塑料制品业中存在较多上市公司的 R&D 均值投资金额少的情况，因此 R&D 投资均值不高，可能与该行业中产品同质性过高，模仿创新高于原始创新的状况有关。医药、生物制品制造业的 R&D 投资均值并未像国外企业一样投资高昂，可能与该行业内研发项目的成功率较低，风险较大，中国上市公司不愿意冒过大的投资风险有关。而在传统的金属、非金属制造业，纺织、服装、皮毛制造业和食品、饮料制造业中，技术创新需求速率低及行业内存在较多的旧型企业，因此 R&D 投资均值较低。从不同行业的最大值和最小值及标准差来看，部分行业如采掘业，电子制造业，机械、设备、仪表制造业，通信及相关设备制造业和计算机及相关设备制造业中，R&D 投资的离散程度较高，行业内自身的差异程度较大，因此上文所述的将因变量取值为 R&D 投资额的自然对数的方法更具意义（R&D 投资额取对数后的分行业描述性统计结果表明各行业标准差大大降低，本书因篇幅限制省略）。在表 4-5 中，还对不同行业的 R&D 投资结果进行差异检验，以判断在不同的行业中 R&D 投资是否存在显著差异，若存在显著差异，则初步表明行业特征是造成不同行业内企业的 R&D 投资差异的重要影响因素之一。

Kruskal-Wallia 秩和检验适用于 K 样本下的秩和检验，它提供了一种非参数检验方法来代替单因素方差分析，可以检验不同总体中的中位数相等的虚无假设。该方法对各组内部具有相似分布形态及方差相等的假定较弱，因此通常比方差分析更可靠。如表 4-5 所示，Kruskal-Wallia 秩和检验的分析结果在 1%的水平上显著，因此拒绝虚无假设，表明不同行业间的 R&D 投资存在显著的差异。

2. 行业知识产权风险的描述性统计

如表 4-6～表 4-8 所示，Panel A-Panel 是不同行业知识产权风险指标的测算结果及分组差异检验（同样使用非参数检验 Kruskal-Wallia 秩和检验来分析不同行业组别中的变量值的差异）。Panel A 是侵权意愿——产品差异程度的分析结果；Panel B～Panel E 是侵权难度中四个子维度——知识外溢程度、固定资产进入壁垒、无形资产进入壁垒、职工薪酬进入壁垒的分析结果；Panel F～Panel G 是专利诉讼可能中两个子维度——国外发明专利申请比例、发明专利申请总数的分析结果。

表 4-6 不同行业组别下知识产权风险的 Kruskal-Wallia 秩和检验（一）

Panel A 产品差异程度				
行业大类名称（代码）	2007 年	2008 年	2009 年	2010 年
化学塑料制品业（C4）	1.206	1.147	1.200	1.208
电子制造业（C5）	1.200	1.200	1.211	1.234
金属、非金属制造业（C6）	1.165	1.120	1.112	1.124
机械、设备、仪表制造业（C7）	1.209	1.203	1.225	1.243
医药、生物制品制造业（C8）	1.341	1.371	1.443	1.486
通信及相关设备制造业和计算机及相关设备制造业（G81、G83）	1.209	1.239	1.257	1.215
通信服务业和计算机应用服务业（G85、G87）	1.490	1.508	1.465	1.409
Kruskal-Wallia 秩和检验	120.097***	166.938***	207.018***	231.455***

续表

Panel B 知识外溢程度				
行业大类名称（代码）	2007 年	2008 年	2009 年	2010 年
化学塑料制品业（C4）	7.866	0.633	–0.282	1.401
电子制造业（C5）	1.080	–0.220	1.004	0.563
金属、非金属制造业（C6）	3.032	–1.986	–0.681	0.544
机械、设备、仪表制造业（C7）	–1.819	–0.177	–0.366	–2.143
Panel B 知识外溢程度				
行业大类名称（代码）	2007 年	2008 年	2009 年	2010 年
医药、生物制品制造业（C8）	0.502	–0.056	0.691	–0.436
通信及相关设备制造业和计算机及相关设备制造业（G81、G83）	–10.401	1.027	–7.380	–26.615
通信服务业和计算机应用服务业（G85、G87）	1.531	–0.369	–0.821	–1.618
Kruskal-Wallia 秩和检验	96.742***	136.760***	167.966***	190.096***

***表示系数在 0.01 水平上显著

注：由于本书的样本公司较多地集中分布于制造业和信息技术业，所以本书只节选出其中每年样本量大于 10 的 7 个行业进行分析

表 4-7　不同行业组别下知识产权风险的 Kruskal-Wallia 秩和检验（二）单位：万元

Panel C 固定资产进入壁垒				
行业大类名称（代码）	2007 年	2008 年	2009 年	2010 年
化学塑料制品业（C4）	399 361	377 621	411 173	472 484
电子制造业（C5）	189 150	197 332	281 346	285 809
金属、非金属制造业（C6）	2 255 412	2 667 181	3 024 900	3 059 744
机械、设备、仪表制造业（C7）	383 655	419 298	510 202	823 872
医药、生物制品制造业（C8）	88 920	84 261	84 723	131 617
通信及相关设备制造业和计算机及相关设备制造业（G81、G83）	122 062	168 108	236 907	298 843
通信服务业和计算机应用服务业（G85、G87）	6 356 556	17 236 970	19 760 315	19 090 903
Kruskal-Wallia 秩和检验	19.667	31.440**	31.170**	33.524**
Panel D 无形资产进入壁垒				
行业大类名称（代码）	2007 年	2008 年	2009 年	2010 年
化学塑料制品业（C4）	22 538	23 820	26 310	31 151
电子制造业（C5）	48 598	67 855	72 306	74 380
金属、非金属制造业（C6）	142 544	155 340	187 675	199 058
机械、设备、仪表制造业（C7）	48 041	87 166	120 584	181 082
医药、生物制品制造业（C8）	21 778	24 302	26 445	33 900

续表

Panel D 无形资产进入壁垒				
行业大类名称（代码）	2007 年	2008 年	2009 年	2010 年
通信及相关设备制造业和计算机及相关设备制造业（G81、G83）	8 876	22 159	30 270	42 415
通信服务业和计算机应用服务业（G85、G87）	458 058	1 331 405	1 367 360	1 252 338
Kruskal-Wallia 秩和检验	26.453*	24.727	32.819**	25.163

Panel E 员工薪酬进入壁垒				
行业大类名称（代码）	2007 年	2008 年	2009 年	2010 年
化学塑料制品业（C4）	1 938	4 966	4 934	1 484
电子制造业（C5）	799	3 946	1 808	4 053
金属、非金属制造业（C6）	387	1 202	206	207
机械、设备、仪表制造业（C7）	2 966	3 564	7	321
医药、生物制品制造业（C8）	1 580	1 957	3 037	2 433
通信及相关设备制造业和计算机及相关设备制造业（G81、G83）	11 794	5 856	3 949	5 000
通信服务业和计算机应用服务业（G85、G87）	2 014	1 843	2 785	5 763
Kruskal-Wallia 秩和检验	118.002***	166.898***	207.018***	231.534***

*、**和***分别表示系数在 0.1、0.05 和 0.01 水平上显著

表 4-8　不同行业组别下知识产权风险的 Kruskal-Wallia 秩和检验（三）

Panel F 国外发明专利申请比例/%				
行业大类名称（代码）	2007 年	2008 年	2009 年	2010 年
造纸及纸制品业（C31）	48.78	40.39	34.93	34.78
印刷业（C35）	73.73	70.35	65.61	73.73
文教体育用品制造业（C37）	19.70	15.36	15.17	12.84
石油加工及炼焦业（C41）	23.61	25.03	23.90	19.12
化学原料及化学制品制造业（C43）	36.25	29.67	27.34	22.70
塑料制造业（C49）	45.86	40.87	38.04	33.14
电子元器件制造业（C51）	53.40	48.4	41.57	38.17
其他电子设备制造业（C57）	34.24	25.66	20.05	21.41
非金属矿物制品业（C61）	14.51	7.19	13.70	10.65
黑色金属冶炼及压延加工业（C65）	21.82	18.24	14.65	11.50
有色金属冶炼及压延加工业（C67）	20.01	18.56	15.37	13.37
金属制品业（C69）	29.63	26.57	20.99	18.21
普通机械制造业（C71）	38.39	34.12	26.63	24.82
专用设备制造业（C73）	31.85	25.12	21.79	19.38
交通运输设备制造业（C75）	46.83	43.99	38.75	34.40
电器机械及器材制造业（C76）	31.15	27.38	24.90	21.97

续表

Panel F 国外发明专利申请比例/%				
行业大类名称（代码）	2007 年	2008 年	2009 年	2010 年
仪器仪表及文化、办公用机械制造业（C78）	34.28	29.95	23.01	21.68
医药制造业（C81）	32.42	25.97	27.68	24.36
通信及相关设备制造业（G81）	53.26	49.40	47.82	48.92
计算机及相关设备制造业（G83）	50.06	41.42	32.36	27.76
通信服务业（G85）	34.92	32.93	28.02	29.11
计算机应用服务业（G87）	44.81	38.73	32.41	31.35
Kruskal-Wallia 秩和检验	74.765***	90.185***	99.459***	123.503***
Panel G 发明专利申请总数/项				
行业大类名称（代码）	2007 年	2008 年	2009 年	2010 年
造纸及纸制品业（C31）	1 716	2 035	2 024	2 326
印刷业（C35）	4 827	4 776	4 184	4 501
文教体育用品制造业（C37）	1 015	1 061	1 055	1 402
石油加工及炼焦业（C41）	1 919	2 381	2 305	3 311
化学原料及化学制品制造业（C43）	26 218	35 003	32 958	42 916
塑料制造业（C49）	1 679	22 68	2 187	2 906
电子元器件制造业（C51）	24 215	28 385	26 872	34 198
Panel G 发明专利申请总数/项				
行业大类名称（代码）	2007 年	2008 年	2009 年	2010 年
其他电子设备制造业（C57）	2 033	2 611	2 563	3 125
非金属矿物制品业（C61）	565	1 293	737	826
黑色金属冶炼及压延加工业（C65）	1 719	2 166	2 601	3 679
有色金属冶炼及压延加工业（C67）	2 034	2 290	2 550	3 387
金属制品业（C69）	7 739	9 691	10 212	14 160
普通机械制造业（C71）	13 192	17 070	18 537	24 535
专用设备制造业（C73）	4 892	7 328	7 449	9 431
交通运输设备制造业（C75）	14 919	18 980	19 596	25 199
电器机械及器材制造业（C76）	3 181	4 456	5 465	7 092
仪器仪表及文化、办公用机械制造业（C78）	13 773	17 842	19 036	23 428
医药制造业（C81）	20 379	26 815	21 626	26 358
通信及相关设备制造业（G81）	5 406	5 528	4 718	4 910
计算机及相关设备制造业（G83）	17 175	19 499	18 866	24 978
通信服务业（G85）	31 500	33 698	35 324	36 086
计算机应用服务业（G87）	2 669	3 199	3 156	3 547
Kruskal-Wallia 秩和检验	67.188***	95.941***	125.909***	133.916***

***表示系数在 0.01 水平上显著

分析结果显示，所有的知识产权风险指标中，除了无形资产进入壁垒在行业间的差异并非在四年间均显著（只有 2007 年、2009 年的差异显著），其他指标均表明，知识产权风险存在显著的行业差异，且差异稳定。因此，对知识产权风险进行分行业分析、测算和检验是必要及有意义的。

侵权意愿指标中，由 Panel A 可知，样本公司在 2007～2010 年四年中，通过排序分析，医药、生物制品制造业，通信服务业和计算机应用服务业的产品差异程度较高，属于侵权意愿较低的行业，行业内企业有较小的倾向模仿、仿制、侵权其他企业的产品和服务；而化学塑料制品业，电子制造业，金属、非金属制造业中，产品差异程度低、同质产品较多、可模仿仿制的空间大，因此行业中侵权意愿较高。

在 Panel B 中，各个行业知识外溢程度在 2007～2010 年四年中的变异较大，这是由于在计算行业知识外溢程度时，采用行业领导企业外溢池指标，而这四年中各行业的 R&D 投资领导企业并不固定，领导企业数量也不同，所以计算所得的知识外溢程度也变化较大。但通过基本排序可得到，通信及相关设备制造业和计算机及相关设备制造业的知识外溢程度最低为负值，这与该行业中领导企业与其他企业的 R&D 投资差距太大，外溢池越大领导企业的行业领先越显著，市场份额与行业收益越能够得到保障，其他企业越难以获得知识外溢的收益相关。因此从行业整体来讲，知识生产函数中外溢池的系数为负，行业知识外溢风险低。化学塑料制品业知识外溢程度最高，该结果与电子产品、塑料产品制造中，由于技术的复杂性低、模仿容易、盗版仿制行为确实最为普遍、“山寨”现象最为严重的现状相符。

在各项进入壁垒指标中，如表 4-7 所示，由 Panel C～Panel E 可知，样本公司在 2007～2010 年四年中，金属、非金属制造业，通信服务业和计算机应用服务业的固定资产进入壁垒和无形资产进入壁垒较高，因为在金属、非金属制造业的上市公司中，传统产业所积累和所需的厂房设备、开采冶炼器械等固定资产投资大，且土地矿山等土地使用权等无形资产也较高；在通信服务业和计算机应用服务业上市公司中，通信服务设备、专用设备、运输设备等造价高昂，导致固定资产进入壁垒较高，其所拥有的专利权、专有技术、软件使用权、软件著作权等也抬高了无形资产的进入壁垒。

医药、生物制品制造业，通信及相关设备制造业和计算机及相关设备制造业，电子制造业，化学塑料制品业的固定资产进入壁垒和无形资产进入壁垒相对较低，这与计算机设备、电子产品、化工产品的生产企业的规模大小、品质服务参差不齐的现状也较为相符。

不同于固定资产与无形资产的资产类的进入壁垒，在员工薪酬进入壁垒方面，通信及相关设备制造业和计算机及相关设备制造业的员工薪酬进入壁垒最高，金属、非金属制造业的员工薪酬进入壁垒最低。这是由于通信及相关设备制造业和计算机及相关设备制造业的职工薪酬普遍较高（相对于通信服务业和计算机应用服务业，通信及相关设备制造业和计算机及相关设备制造业的员工总数也较多），而传统采掘冶炼业的职工薪酬较低有关。如表 4-8 所示，在专利诉讼可能方面，国外公司在造纸及纸制品业、印刷业、塑料制造业、电子元器件制造业、交通运输设备制造业、通信及相关设备制造业、计算机及相关设备制造业和计算机应用服务业中申请了高比例的发明专利，高达 40%左右，因此这些行业中诉讼可能高。在这些行业中也确实存在更多的国内企业与国外企业之间的专利法律纠纷，如惠普与珠海纳思达、思科与华为、丰田与吉利之间的专利纠纷。但从 Panel F 中也可以看到，国外发明专利的申请比例在大多数行业中呈逐年下降的趋势，说明中国企业发明专利申请的比例逐年提升，企业知识产权意识加强，在自我保护的同时，也有助于降低与外界的知识产权纠纷。如表 4-8 所示，从 Panel G 可知，发明专利申请总数较多的行业包括化学原料及化学制品制造业、电子元器件制造业、医药制造业、计算机及相关设备制造业、通信服务业，在这些行业中，专利保护相对更为成熟，因此侵权难度提高，知识产权法律风险降低。

3. 上市公司个体特征的描述性统计

表 4-9 为上市公司个体特征变量的描述性统计结果，样本公司在 2007～2010 年，年平均的总资产收益率为 5.4%；年平均资产负债率为 46.3%；样本公司中其中有 59.8%的实际控制人为国有性质；样本公司中 CEO 的平均年龄约为 47 岁；平均薪酬约为 51.7 万元，其中最高的 CEO 薪酬为 573 万元，还有 CEO 零薪酬的现象存在；只有 38%的样本公司中 CEO 持有公司股权，表明股权激励在中国企业薪酬激励体系中尚未成为普遍现象。

表 4-9　上市公司个体特征变量的描述性统计

变量名	样本数	均值	方差	最小值	最大值
ROA	758	0.054	0.078	−0.353	1.006
LEV	758	0.463	0.194	0.025	0.970
CEOAGE	745	47.052	6.160	34.000	75.000
CEOPAY	743	51.693	52.253	0	572.910
CEOOWN	758	0.380	0.486	0	1
SOECONTROL	752	0.598	0.491	0	1
OWNCONCEN	758	47.193	15.792	10.730	98.030
ASSET	759	21.698	1.247	18.717	26.387

注：ROA 为总资产收益率，单位为%；LEV 为资产负债率，单位为%；CEOAGE 为 CEO 年龄，单位为岁；CEOPAY 为未取自然对数的 CEO 薪酬，单位为元；CEOOWN 为 CEO 是否持有股权，1 为持有，0 为不持有；SOECONTROL 为实际控制人是否国有性质，1 为是，0 为否；OWNCONCEN 为股权集中度，单位为%；ASSET 为公司总资产额的自然对数值，单位为元

4.3.4 实证结果与分析

1. Pearson 相关性分析

表 4-10 列示了行业知识产权风险体系中各指标与企业 R&D 投资的 Pearson 相关性分析结果，从表 4-10 中可以看出：产品可替代性与企业 R&D 投资负相关，表明 SUBST 的值降低，产品差异程度降低，即产品替代性提高，企业 R&D 投资会随之提高，与假设 4-1 的预期不符，但此处只是单变量检验，且该系数只在 10%的水平上显著，还需要通过多元回归进行综合分析。行业知识外溢程度与企业 R&D 投资显著负相关，表明知识外溢越严重，侵权意愿越高，即行业知识产权风险越高，则企业 R&D 投资降低。侵权难度的三个指标，即固定资产进入壁垒、无形资产进入壁垒、员工薪酬进入壁垒，分别与企业 R&D 投资的关系都不显著，这可能是因为，与犯罪条件要建立在犯罪原因基础之上的道理类似，需要综合检验侵权难度指标与侵权意愿指标对企业 R&D 投资的影响。专利诉讼可能的指标中，国外发明专利申请比例与企业 R&D 投资显著正相关，与预期符号不符，表明国外企业在中国申请发明专利并非是设置“专利陷阱”。为了起诉围攻中国企业，更大可能是利用中国知识产权保护来维护企业的合法利益，进而促进行业知识产权保护的整体氛围，进而降低行业知识产权风险，促进企业提高 R&D 投资，但也需要进行多元线性回归，并进一步进行验证。表 4-10 中还有其他变量之间的相关系数，除了固定资产进入壁垒和无形资产进入壁垒之间的相关系数即 FIXENT 与 INENT 相关系数超过 0.75，不能够同时放入多元线性回归模型当中，其他变量的相关系数的绝对值最大为 0.66，同时放入模型中不会存在多重共线性的问题。

表 4-10 行业知识产权风险指标与企业 R&D 投资的 Pearson 相关性分析

	RD	SUBST	SPILL	FIXENT	INENT	PAYENT	PFOREAPP	PATAPP
RD	1							
SUBST	−0.0689*	1						
SPILL	−0.1761***	0.062	1					
FIXENT	−0.04	0.3422***	0.0075	1				
INENT	−0.0015	0.2526***	0.0082	0.8261***	1			
PAYENT	0.0528	0.1475***	−0.312***	−0.262***	−0.2***	1		
PFOREAPP	0.1514***	0.0188	−0.2376***	−0.0346	−0.0659*	0.3526***	1	
PATAPP	−0.0076	0.0178	0.1936***	−0.3442***	−0.2636***	0.2413***	0.1312***	1

*和***分别表示系数在 0.1 和 0.01 水平上显著

2. 回归分析

表 4-11 列示了模型 1 的面板数据随机效应回归结果。（1）～（4）栏分别将侵权意愿、侵权难度、诉讼可能三种维度纳入模型，（5）、（6）栏同时将三个维度加入模型，由于固定资产进入壁垒和无形资产进入壁垒存在共线性问题，本书将两个变量分别加入。回归结果显示，侵权意愿、侵权难度、诉讼可能三种维度的知识产权风险共存于企业之中，因此三者的共同影响比其单独影响更为显著。在（5）、（6）栏侵权意愿的变量中，产品市场特征的三个虚拟变量的系数都显著，其中快速消费品行业与中间材料行业的系数显著为负，表明相对于专用设备和耐用消费品行业，此两类行业中非创新企业的侵权意愿更为强烈，因此在这些行业知识产权风险的提高，将导致企业整体更少的 R&D 投资。行业内产品差异程度的系数显著为正，表明随着 SUBST 值的提高，产品可替代性降低，则侵权意愿降低，知识产权风险下降，这一表现可以促进企业更多地开展 R&D 投资。降低行业内产品的替代性，可在降低知识产权风险、激励企业创新投资方面发挥很大的作用，在（5）栏中，产品可替代性降低 1 个单位，导致企业提高 267%的 R&D 投资。具体而言，由描述性统计可知，在医药、生物制品制造业，通信服务业和计算机应用服务业，行业内产品差异程度较高，侵权意愿较低，行业内企业的 R&D 投资水平相对较高。而在化学塑料制品业、电子制造业中，产品差异程度较低，同行业企业间的简单模仿改造较为容易，侵权意愿高，因而行业内企业的 R&D 投资水平降低，与 R&D 投资的分行业描述性统计相符。

表 4-11　行业知识产权风险与企业 R&D 投资的回归结果

LNRD	（1）	（2）	（3）	（4）	（5）	（6）
PROMAR1	-0.732^{**} （−2.09）				-0.672^{*} （−1.81）	-0.726^{**} （−2.01）
PROMAR2	-0.598^{**} （−2.18）				-0.772^{***} （−2.77）	-0.658^{**} （−2.39）
PROMAR4	1.072 （1.38）				1.366^{*} （1.70）	1.336^{*} （1.68）
SUBST	3.449^{**} （2.51）				2.674^{*} （1.78）	3.031^{**} （2.11）
SPILL	-0.045^{***} （−2.61）				-0.046^{***} （−2.60）	-0.050^{***} （−2.87）
FIXENT		0.184^{***} （2.75）			0.159^{*} （1.73）	
INENT			0.177^{***} （3.05）			0.140^{*} （1.88）
PAYENT		0.038 （0.88）	−0.020 （−0.49）		−0.540 （−0.88）	-0.136^{**} （−2.20）

续表

LNRD	（1）	（2）	（3）	（4）	（5）	（6）
PFOREAPP				−1.258 （−1.50）	−1.039 （−1.10）	−0.907 （−0.95）
PATAPP				0.166* （1.92）	0.224* （1.85）	0.189* （1.69）
ROA	2.218** （2.27）	1.827** （2.00）	1.698* （1.86）	1.832** （1.98）	2.533*** （2.59）	2.443** （2.50）
LEV	−0.798 （−1.33）	−0.999 （−1.86）	−1.022* （−1.91）	−0.864 （−1.54）	−0.639 （−1.07）	−0.665 （−1.12）
CEOAGE	−0.007 （−0.54）	−0.009 （−0.78）	−0.011 （−0.90）	−0.010 （−0.80）	−0.008 （−0.60）	−0.007 （−0.57）
CEOPAY	0.003 （1.55）	0.002 （1.30）	0.002 （1.24）	0.002 （−0.80）	0.003 （1.40）	0.002 （1.34）
CEOOWN	−0.278 （−1.45）	−0.202 （−1.13）	−0.164 （−0.94）	−0.101 （−0.54）	−0.276 （−1.43）	−0.266 （−1.38）
STACON	0.101 （0.43）	0.073 （−0.34）	0.114 （0.54）	−0.002 （−0.01）	0.109 （0.47）	0.130 （0.57）
ASSET	0.794*** （7.82）	0.725*** （7.76）	0.700*** （7.50）	0.762*** （7.64）	0.744*** （7.25）	0.737*** （7.19）
CONSTANCE	−4.050 （−1.50）	−3.159 （−1.21）	−1.165 （−0.53）	−0.446 （−0.20）	−6.471* （−1.79）	−4.498 （−1.50）
Random Effect	YES	YES	YES	YES	YES	YES
Wald chi	138.32***	109.99***	112.87***	110.90***	149.98***	151.41***
N	608	726	726	675	608	608
R^2	0.268	0.196	0.204	0.202	0.294	0.292

*、**和***分别表示系数在 0.1、0.05 和 0.01 水平上显著

注：①系数值下方括号内值为随机效应面板数据回归的 Z 值；②R^2 选择的是回归结果中的 between R^2

侵权难度的指标中，行业固定资产进入壁垒和行业无形资产进入壁垒的系数都显著为正，表明这两种进入壁垒都起到了提高模仿难度，从而降低知识产权风险，促进企业开展 R&D 投资的作用。其中行业固定资产壁垒的作用高于行业无形资产壁垒的作用，两者提高 1%，将分别带来企业 R&D 投资 15.9%和 14%的提高。具体而言，金属、非金属制造业，通信服务业和计算机应用服务业的固定资产进入壁垒和无形资产进入壁垒较高，模仿难度大，使得知识产权风险降低，因此这两类行业中企业 R&D 投资水平提高。而通信及相关设备制造业和计算机及相关设备制造业，电子制造业，化学塑料制品业的固定资产进入壁垒和无形资产进入壁垒降低，侵权难度较小，所以这些行业中企业 R&D 投资水平相对较低。员工薪酬进入壁垒的系数为负，但只有在（6）栏中才显著，显著性不稳定，表明员工总薪酬并未发挥进入壁垒降低知识产权风险的作用。行业知识外溢程度的系数显著为负，表明行业知识外溢程度与企业 R&D 投资显著负相关，说明知识外溢剥夺创新收益的知识产权风险，显著阻碍了企业进行 R&D 投资，知识外溢程

度提高 1 个单位，该行业中企业的 R&D 投资将下降 4.5%。具体而言，在知识外溢程度高的行业，如化学塑料制品业或者电子行业，创新产品被迅速模仿，失去创新收益的风险高，导致企业进行自主创新，即开展 R&D 投资的积极性并不高。

诉讼可能的指标中，国外发明专利申请比例的系数为负，但并不显著，表明企业并不在意国外企业的发明专利布局。在国外发明专利比例较高的行业中，诉讼风险并不足以提高研发活动的总体风险，因此企业 R&D 投资并不随之降低。但是行业发明专利申请总数的系数显著为正，表明行业内发明专利申请总数越大，行业内企业的专利意识越强，企业便更加依赖于专利权的法律保护。这也间接说明该行业中的知识产权法律保护更加成熟，从而行业内企业自身的知识产权也更容易得到法律保护，进而说明知识产权法律风险降低，因此企业加大 R&D 投资。

在控制变量方面，企业总资产的系数显著为正，表明企业规模得到了较好的控制。企业总资产收益率的系数显著为正，表明随着盈利能力的提高，企业倾向于加大 R&D 投资，进一步通过技术创新提高产品的获利能力。

4.3.5　小结

本章基于中国企业 R&D 投资不足与知识产权风险高的现状，首次从行业层面基于行业特征中的市场结构因素，界定并衡量企业自主创新中的知识产权风险，并用中国上市公司经验数据验证了其对企业 R&D 投资的影响。本章中的分行业描述性分析结果表明，在中国，化学塑料制品业、电子制造业属于快速消费品行业，其产品差异小、产品的可替代性高，并且行业知识外溢程度较高，因此行业内侵权意愿较高。而在通信服务业和计算机应用服务业，医药、生物制品制造业中，由于产品的科技含量较高、产品的可替代性低、行业知识外溢程度较低，所以行业内侵权意愿较低。在侵权难度方面，化学塑料制品业、电子制造业的固定资产进入壁垒、无形资产进入壁垒均处于较低水平，因此难以有效阻碍侵权意愿较高的企业实施模仿、仿制等侵权行为。而金属、非金属制造业，通信服务业和计算机应用服务业，由于政府管制、垄断力量及行业内技术差距的存在，固定资产进入壁垒、无形资产进入壁垒较高，侵权难度大。在专利诉讼可能方面，造纸及纸制品业、印刷业、化学塑料制品业、电子元器件制造业中，国外发明专利申请的比例较高，因此诉讼可能高。这些行业及医药、生物制品制造业，计算机及相关设备制造业，通信服务业中，发明专利申请总数也较多，专利保护相对更为成熟，知识产权法律风险有所降低。总体而言，化学塑料制品业、电子制造业在侵权意愿、侵权难度和诉讼可能性方面均处于不利的地位，行业知识产权风险较为严重。通信服务业和计算机应用服务业，医药、生物制品制造业，金属、非金属制造业则相对面临较低的侵权意愿、较高的侵权难度和较低的诉讼可能，因此行业知识产权风险较低。

本章的回归分析结果表明，知识产权风险的三个维度——侵权意愿、侵权难度和诉讼可能共存于企业之中，且均对企业 R&D 投资具有显著影响。具体而言，行业侵权意愿越强烈，则知识产权风险越高，越不利于企业开展持续的 R&D 投资。行业知识外溢程度越高，行业固定资产进入壁垒和无形资产进入壁垒越能够提高侵权难度，降低行业知识产权风险，因此维护企业提高 R&D 投资的动机。行业内发明专利申请总数越高，知识产权法律对行业内专利权的保护越成熟，越有利于降低知识产权法律风险，激励企业开展 R&D 投资。

本章的研究结论为，特定行业中的企业提供了知识产权风险程度及风险来源的信息，对创新企业如何规避和降低知识产权风险具有指导意义。在当前的市场环境下，企业应立足于提高产品的科技含量与品质，降低产品的可替代性，以提高模仿壁垒，维护创新成果；企业还应加强专利检索、专利行业分析等知识产权管理工作，避免自主创新走入国外专利陷阱之中，或通过合作创新、专利许可等方式推动企业的创新发展。

4.4 行业知识产权风险与企业专利行为关系的实证研究

4.4.1 变量选择与检验模型

本章中的假设 4-3、假设 4-4 和假设 4-6 旨在检验行业知识产权风险与企业专利行为的关系，因此本书中的被解释变量为企业专利数，包括企业发明专利申请数、企业实用新型外观设计专利申请数、企业专利合计申请数。解释变量为行业知识产权风险，包括上文所述的行业知识产权风险体系中侵权意愿、侵权难度、诉讼可能三个维度与八个变量（产品市场特征产品差异程度、固定资产进入壁垒、无形资产进入壁垒、职工薪酬进入壁垒、知识外溢、专利侵权风险、专利诉讼风险）。由于企业 R&D 投资额影响企业的专利产出，进而影响企业的专利行为，所以也包括在解释变量之中。据此，本节的基本检验模型为

$$\begin{aligned}\mathrm{INNOAPP}_{it} = {} & \alpha + \beta_1\mathrm{PROMAR1}_{it} + \beta_2\mathrm{PROMAR2}_{it} + \beta_3\mathrm{PROMAR4}_{it} + \beta_4\mathrm{SUBST}_{it} \\ & + \beta_5\mathrm{FIXENT}_{it} + \beta_6\mathrm{INENT}_{it} + \beta_7\mathrm{SPILL}_{it} + \beta_8\mathrm{PAYENT}_{it} + \beta_9\mathrm{PFOREAPP}_{it} \\ & + \beta_{10}\mathrm{PATAPP}_{it} + \beta_{11}\mathrm{RD}_{it} + \beta_{12}\mathrm{RD}_{i,t-1} + \beta_{13}\mathrm{CONTROLV}_{it} + \varepsilon_{it}\end{aligned} \tag{4-13}$$

$$\begin{aligned}\mathrm{OTHAPP}_{it} = {} & \alpha + \beta_1\mathrm{PROMAR1}_{it} + \beta_2\mathrm{PROMAR2}_{it} + \beta_3\mathrm{PROMAR4}_{it} + \beta_4\mathrm{SUBST}_{it} \\ & + \beta_5\mathrm{FIXENT}_{it} + \beta_6\mathrm{INENT}_{it} + \beta_7\mathrm{SPILL}_{it} + \beta_8\mathrm{PAYENT}_{it} + \beta_9\mathrm{PFOREAPP}_{it} \\ & + \beta_{10}\mathrm{PATAPP}_{it} + \beta_{11}\mathrm{RD}_{it} + \beta_{12}\mathrm{RD}_{i,t-1} + \beta_{13}\mathrm{CONTROLV}_{it} + \varepsilon_{it}\end{aligned} \tag{4-14}$$

$$
\begin{aligned}
\text{PATENT}_{it} = \alpha &+ \beta_1\text{PROMAR1}_{it} + \beta_2\text{PROMAR2}_{it} + \beta_3\text{PROMAR4}_{it} + \beta_4\text{SUBST}_{it} \\
&+ \beta_5\text{FIXENT}_{it} + \beta_6\text{INENT}_{it} + \beta_7\text{SPILL}_{it} + \beta_8\text{PAYENT}_{it} + \beta_9\text{PFOREAPP}_{it} \\
&+ \beta_{10}\text{PATAPP}_{it} + \beta_{11}\text{RD}_{it} + \beta_{12}\text{RD}_{i,t-1} + \beta_{13}\text{CONTROLV}_{it} + \varepsilon_{it}
\end{aligned} \tag{4-15}
$$

其中，PATENT 表示企业专利合计申请数；INNOAPP 表示企业发明专利申请数；OTHAPP 表示企业实用新型外观设计专利申请数①。知识产权风险指标，如表 4-2 所示；RD_{it} 表示企业 R&D 投资额；$\text{RD}_{i,t-1}$ 表示企业滞后一期的 R&D 投资额；CONTROLV 包括 SOECONTROL，表示上市公司实际控制人的性质，用于控制国有性质和非国有性质的企业中不同的专利倾向；上市公司年末总资产用于控制不同规模企业中对专利行为重视程度的差别；经理人也是企业专利行为的重要决策者，其对公司专利申请的态度能够激励员工的创新行为与专利申请的积极性，因此本书中也对经理人薪酬加以控制；企业拥有的专利使企业拥有最新颖的技术或新产品，因此更具有市场吸引力，有利于提高企业盈利能力，因此本书中进一步对代表盈利能力的总资产收益率加以控制。

4.4.2 样本与数据来源

由于模型中要考察企业 R&D 投资对企业专利数的影响，所以在 4.3 节的样本中，剔除专利申请、专利授权数据不完整的企业，本书最终获得 2007 年 107 家、2008 年 154 家、2009 年 188 家、2010 年 215 家，共 664 个非平衡面板数据样本。

本节被解释变量为上市公司 2007～2010 年的专利数据，包括中国发明专利、中国实用新型专利、中国外观设计专利。在描述性统计中，本节也加入中国发明专利授权数进行分析。数据来源于中国知识产权网的 CNIPR 中外专利数据库服务平台。在该平台中，将上市公司名称作为“申请（专利权）人”进行专利检索，获得上市公司在中国境内申请的发明专利数、实用新型专利数、外观设计专利数，以及获得的发明专利授权数。第一项专利数即为 INNOAPP，第二项和第三项专利数之和为 OTHAPP，前三项的总和为 PATENT，第四项为发明专利授权数 INNOAUA。

关于专利数据的年份确定：检索结果中包括每一条专利的申请日与公开日。由于发明专利的公开日是企业提交专利申请后，通过专利初步审查后确定；实用新型与外观设计专利的公开日是通过专利审查，确定授权后才确定；发明授权的

① 本书中未采取专利授权数作为被解释变量，是因为本书考察的是上市公司针对行业知识产权风险所采取专利申请的应对行为，属于企业“主观”层面的专利行为，而专利授权数的获得则较多受到“客观”因素的影响，受到专利审核部门的行政程序、行政效率的限制。本书中只将其作为描述性统计分析的对象。

公开日则是通过初步审查和实质审查，确定授权后才确定。在公开日与申请日之间经过了专利审查部门的审查工作，前三项一般要经历一年时间，发明授权则一般要经历两三年时间。这一时间长短与专利审查部门的工作效率有关，而与企业的专利申请行为无关，因此，本书中按专利申请日进行二次检索，确定每一年的四项专利数据。

关于“申请（专利权）人”的确定：本书中根据上市公司股票代码，在巨潮资讯网中搜索股票代码对应的上市公司全称，并摘其中关键字作为“申请（专利权）人”的检索词，在公司代码检索结果和申请人检索结果中，选取与上市公司名称对应的结果，其中包括上市公司的子公司，但不包括上市公司的母公司和母公司集团中其他的上市公司。上市公司的子公司、母公司、集团公司中其他公司名称，本书从公司网站、公司年报中手工获取。在上市公司的发展历程介绍中，如果出现名称变更的情况，本书将所有曾用名称的搜索结果加以汇总。

本节其他变量数据来源与 4.3 节一致。

4.4.3　描述性统计

如表 4-12 所示，是对企业三类专利数——发明专利申请数、专利合计申请数、发明授权数的分年描述性统计结果。由于 000063“中兴通讯”的三项专利数处于绝对领先地位（四年发明专利申请数均大于 4500 项），所以在表中予以剔除，本样本量小于上市公司 R&D 投资的样本量，是因为在专利检索中一些上市公司的专利数据为 0。从表 4-12 中可以看出，在披露了 R&D 投资的上市公司中，2007 年平均申请了 9 项发明专利，申请的发明专利数、实用新型专利数、外观设计专利数三项合计数平均为 29 项，得到的发明授权数平均为 4 项。由于本样本为同时具有 R&D 投资和专利信息的上市公司，可以认为在所有上市公司中，本样本为自主创新较为活跃、专利倾向较高的公司。但从其专利数的均值来看，上市公司总体的专利数处于很低的水平，一方面，这说明中国上市公司的自主创新能力欠缺、自主创新成果不足；另一方面，也可能是中国知识产权保护不足的状况，导致企业专利倾向低。此外，上述数据还显示，发明专利申请数在全部专利中申请所占比例较小，表明企业对技术含量较高、新颖性较强的发明专利重视不足或技术能力欠缺，而仅满足于实用新型专利、外观设计专利等简单创新。三类专利数的标准差表明，不同上市公司间的专利行为较为相似，不存在较大的差异。而其最大值、最小值、分位数（75%位数与 95%位数）统计表明，75%以下的上市公司的三项专利数低于均值，只有 25%的上市公司三项专利数处于相对较高水平。

表 4-12　三类专利数分年描述性统计

变量名称	年份	样本数	均值	标准差	最小值	中位数	75%位数	95%位数	最大值
发明专利申请数	2007	107	9	19	0	3	8	44	102
	2008	154	14	34	0	3	11	83	233
	2009	188	21	69	0	5	14	105	812
	2010	215	14	39	0	3	10	53	305
	2007～2010	664	15	47	0	3.5	11	73	812
专利合计申请数	2007	107	29	69	0	8	24	113	536
	2008	154	40	108	0	9.5	25	228	897
	2009	188	47	120	0	12	28	239	917
	2010	215	44	114	0	10	30	226	778
	2007～2010	664	41	109	0	10	28	202	917
发明授权数	2007	107	4	8	0	1	4	21	49
	2008	154	4	9	0	1	3	25	68
	2009	188	3	7	0	1	3	14	45
	2010	215	0	1	0	0	0	3	13
	2007～2010	664	3	7	0	0	2	12	68

本书中的三类专利数分年描述性统计结果与以往中国文献（徐欣和唐清泉，2010；刘小青和陈向东，2010）的数据统计相比，指标的均值较小，是因为 000063“中兴通讯”这一极端值的存在对描述性统计的结果影响过大。在未剔除该公司之前，本书的描述性统计结果与上述文献相近，但剔除该公司后，指标的均值大大减小。极端值不代表行业的普遍情况，因为本书的样本和数据更具有合理性。

2008 年、2009 年的数据基本情况与 2007 年类似，数值上略有所提升。2010 年的数据由于系统收录、审理程序等原因，在专利检索平台中未完全披露，所以三项数据的数值均较小，未能反映专利申请与授权的全貌。

表 4-13 和表 4-14 是发明专利申请数和发明专利授权数的分行业描述性统计结果，由这两个表可以看出，通信及相关设备制造业和计算机及相关设备制造业发明专利申请数和授权数的均值最高①，表明该行业的自主创新最为活跃，行业内企业的专利申请意识和倾向最高。

① 在表 4-13 及后续的分行业统计分析、回归分析的表格中，均未剔除 000063“中兴通讯”，因为该上市公司在所在行业中处于绝对领导者地位，属于回归分析中的研究范畴，并且在分行业统计分析中，无论是否剔除该公司，均不影响统计分析的结论。

表 4-13　发明专利申请数的分行业描述性统计

行业大类名称（代码）	样本数	均值	标准差	最小值	中位数	75%位数	95%位数	最大值
食品、饮料制造业（C0）	14	1	3	0	0	0	9	9
纺织、服装、皮毛制造业（C1）	8	1	1	0	1	2	3	3
造纸、印刷制造业（C3）	7	1	2	0	0	4	4	4
化学塑料制品业（C4）	75	5	7	0	2	7	20	34
电子制造业（C5）	69	37	69	0	6	25	214	305
金属、非金属制造业（C6）	49	10	10	0	5	16	29	46
机械、设备、仪表制造业（C7）	218	12	26	0	3	11	48	267
医药、生物制品制造业（C8）	118	10	17	0	4	12	40	97
其他制造业（C9）	9	10	7	2	11	16	20	20
通信及相关设备制造业和计算机及相关设备制造业（G81、G83）（1）	39	503	1421	0	7	27	4764	5850
通信及相关设备制造业和计算机及相关设备制造业（G81、G83）（2）	35	44	140	0	5	17	201	812
通信服务业和计算机应用服务业（G85、G87）	61	23	56	0	2	9	152	279
Kruskal-Wallia 秩和检验				57.290***				

***表示系数在 0.01 水平上显著

表 4-14　发明专利授权数的分行业描述性统计

行业大类名称（代码）	样本数	均值	标准差	最小值	中位数	75%位数	95%位数	最大值
食品、饮料制造业（C0）	14	0	0	0	0	0	0	0
纺织、服装、皮毛制造业（C1）	8	0	0	0	0	0	1	1
造纸、印刷制造业（C3）	7	1	1	0	0	2	3	3
化学塑料制品业（C4）	75	1	2	0	0	2	8	9
电子制造业（C5）	69	6	13	0	1	4	40	68
金属、非金属制造业（C6）	49	2	4	0	1	3	12	18
机械、设备、仪表制造业（C7）	218	3	6	0	0	2	13	42
医药、生物制品制造业（C8）	118	1	2	0	0	2	5	12
其他制造业（C9）	9	3	4	0	1	5	9	9
通信及相关设备制造业和计算机及相关设备制造业（G81、G83）（1）	39	100	412	0	1	4	1185	2319
通信及相关设备制造业和计算机及相关设备制造业（G81、G83）（2）	35	4	10	0	1	3	31	49
通信服务业和计算机应用服务业（G85、G87）	61	4	10	0	0	3	25	50
Kruskal-Wallia 秩和检验				22.309**				

**表示系数在 0.05 水平上显著

发明专利申请数和发明专利授权数均值较高的行业还有电子制造业，通信服务业和计算机应用服务业，机械、设备、仪表制造业，较低的行业有食品、饮料制造业，纺织、服装、皮毛制造业，造纸、印刷制造业，化学塑料制品业。Kruskal-Wallia 秩和检验的结果表明，行业间的发明专利申请数和发明专利授权数存在显著差别，行业差异是影响企业发明专利申请行为的重要因素之一。从各行业发明专利申请数的标准差和分位数（75%位数与 95%位数）的分布来看，行业内发明专利的差异不大，行业内上市公司的专利倾向较为相似。

4.4.4　回归结果与分析

1. Pearson 相关性分析

表 4-15～表 4-17 列示了行业知识产权风险体系中各指标与企业专利数的 Pearson 相关性分析结果。结果显示，产品差异程度仅与企业实用新型外观设计专利申请数显著负相关，而与企业发明专利申请数和专利合计申请数的相关关系不显著。产品差异性低则产品可替代性强，这些低程度的差异性表现在产品的型号及外观设计方面，为了防范这种风险，企业倾向于提高实用新型专利与外观设计专利的专利申请数。发明专利这种具有重大突破性、实质性的创新，在防范产品差异性导致的知识产权风险方面，不具有直接的针对性，因而与其相关关系不显著。知识外溢程度与三种专利申请数均为显著负相关，表明由于知识外溢的存在，知识的流动转移将导致较高的知识产权风险，且这种风险在专利保护之外，所以企业的专利倾向不高。

表 4-15　行业知识产权风险指标与企业专利数的 Pearson 相关性分析（一）

	PATENT	INNOAPP	OTHAPP	SUBST	SPILL
PATENT					
INNOAPP	0.9819***				
OTHAPP	0.581***	0.416***			
SUBST	−0.044	−0.025	−0.101***		
SPILL	−0.167***	−0.167***	−0.082**	0.058	
INDPROF	−0.078**	−0.060	−0.115**	0.678***	0.118***

和*分别表示系数在 0.05 和 0.01 水平上显著

表 4-16 行业知识产权风险指标与企业专利数的 Pearson 相关性分析（二）

	PATENT	INNOAPP	OTHAPP	FIXENT	INENT	PAYENT	PFOREAPP
PATENT							
INNOAPP	0.982***						
OTHAPP	0.581***	0.416***					
FIXENT	−0.043	−0.047	−0.005				
INENT	−0.102***	−0.122***	0.035	0.714***			
PAYENT	0.076*	0.067*	0.077*	−0.431***	−0.186***		
PFOREAPP	0.159***	0.150***	0.121***	−0.077**	−0.131***	0.320***	
PATAPP	−0.085**	−0.082***	−0.058	−0.404***	−0.246***	0.383***	0.131***

*、**和***分别表示系数在 0.1、0.05 和 0.01 水平上显著

表 4-17 行业知识产权风险指标与企业专利数的 Pearson 相关性分析（三）

	INNOAWA	SUBST	SPILL	INDPROF	FIXENT	INENT	PAYENT	FORAWAR
INNOAWA								
SUBST	−0.028							
SPILL	−0.077*	0.058						
INDPROF	−0.049	0.678***	0.118***					
FIXENT	−0.046	0.006	0.015	−0.186***				
INENT	−0.093**	0.109***	0.064	0.089**	0.714***			
PAYENT	0.061	0.021	−0.140***	0.026	−0.431***	−0.186***		
FORAWAR	0.078**	0.052	−0.125**	−0.326***	0.141***	0.055	0.173***	
PAAWAR	−0.042	0.009	0.142***	−0.023	−0.345***	−0.223***	0.366***	0.099***

*、**和***分别表示系数在 0.1、0.05 和 0.01 水平上显著

注：INNOAWA 为发明专利授权数；FORAWAR 为国外发明专利授权比例；PAAWAR 为行业中发明专利授权总数

固定资产进入壁垒与三项专利申请数相关性都不显著；但无形资产进入壁垒与企业专利合计申请数和企业发明专利申请数显著负相关，与企业实用新型外观设计专利申请数相关性不显著；而职工薪酬进入壁垒则与之显著正相关。无形资产进入壁垒即行业加权无形资产越高，行业内企业已经平均拥有较高的无形资产保障，在侵权难度较高的情况下，企业在进行专利申请的动机相对较弱。职工薪酬进入壁垒即行业加权员工总薪酬，一方面，会提高侵权难度；另一方面，由于专利申请中较多为职务申请，与员工的薪酬激励挂钩，所以较高

的职工薪酬往往激励职工多进行专利的申请工作，其与专利申请数的相关性为正向。行业国外发明专利申请数与三项专利申请数显著正相关，表明国外专利申请给中国企业带来的诉讼压力促使中国上市公司也提高专利申请，对此进行对抗和自我保护。

对于发明专利授权总数，只有知识外溢程度、无形资产进入壁垒和国外发明专利授权比例与之显著相关。由于专利授权受制于知识产权局的审理程序，行业特征、企业行为在很大程度上并不能影响最终的专利授权数，所以解释力度有限，本书不再对其进行多元回归的进一步验证。如表 4-15～表 4-17 所示，其他变量之间的相关系数的绝对值最大为 0.714，小于 0.75，表明同时放入上述指标不会存在多重共线性的问题。

2. 回归分析

表 4-18 为行业知识产权风险与企业专利行为的回归分析结果，表中（1）～（4）列以企业发明专利申请数为被解释变量，其中，（1）～（3）列为分别将侵权意愿、侵权难度、诉讼可能加入到模型之中的结果，（4）列为将三个维度同时加入模型的回归结果。结果显示，由于侵权意愿、侵权难度、诉讼可能三种维度的知识产权风险共存于企业之中，所以三者的共同影响比其单独影响更为显著。在（4）列中，代表产品差异性的两种指标——产品市场特征、产品差异程度与企业发明专利申请数的关系并不显著，表明企业对于由产品差异性低所导致的知识产权风险，并未采用发明专利的方式进行抵御。而（5）列中，以企业实用新型外观设计专利申请数为被解释变量，产品差异程度的系数则显著为负。这是由于实用新型和外观设计专利的申请门槛低、创新要求不高、“很大程度上起到的是标识和区别的效用”，在产品可替代性较小，即产品差异性小的行业，产品的型号与外观更容易被模仿，实用新型和外观设计专利的作用，相对于发明专利的作用更大，所以两者呈显著负相关关系。

表 4-18　行业知识产权风险与企业专利行为的回归结果

因变量	INNOAPP				OTHAPP	PATENT
	（1）	（2）	（3）	（4）	（5）	（6）
PROMAR1	−51.102 （−0.68）			−48.970 （−0.58）	16.371 （0.83）	−31.561 （−0.34）
PROMAR2	−44.535 （−0.74）			−63.612 （−1.00）	−35.200** （−2.33）	−100.009 （−1.43）
PROMAR4	−60.929 （−0.47）			−199.342 （−1.12）	−4.849 （−0.11）	−204.050 （−1.04）
SUBST	34.265 （0.13）			34.415 （0.11）	−140.255* （−1.91）	−114.342 （−0.33）

续表

因变量	INNOAPP				OTHAPP	PATENT
	（1）	（2）	（3）	（4）	（5）	（6）
FIXENT		19.292 （0.92）		9.100 （0.38）	7.538 （1.35）	16.592 （0.64）
INENT		−47.496*** （−2.85）		−56.581*** （−3.25）	−7.007* （−1.75）	−62.944*** （−3.34）
PAYENT		22.364* （1.65）		26.468* （1.81）	4.418 （1.31）	30.752* （1.94）
SPILL		7.679** （2.27）		8.638** （2.50）	−0.022 （−0.03）	8.842** （2.36）
PFOREAPP			544.588*** （2.58）	520.719** （2.21）	77.157 （1.39）	590.587** （2.29）
PATAPP			−24.053 （−1.28）	−66.232** （−2.42）	−1.652 （−0.25）	−67.187** （−2.23）
RD	11.869 （1.29）	14.002 （1.50）	12.805 （1.42）	16.453* （1.71）	2.621 （1.17）	18.845* （1.80）
RD−1	6.157 （0.66）	12.651 （1.31）	7.164 （0.78）	11.911 （1.20）	0.378 （0.17）	12.250 （1.14）
SOECONTROL	−114.695** （−2.30）	−114.039** （−2.37）	−102.851** （−2.12）	−122.112** （−2.38）	−14.301 （−1.17）	−136.003** （−2.41）
ASSET	47.561** （2.25）	38.264* （1.87）	56.391*** （2.70）	57.204*** （2.60）	30.322*** （5.78）	87.371*** （3.60）
CEOPAY	−2.473 （−0.15）	−0.404 （−0.02）	−3.364 （−0.21）	−4.458 （−0.25）	1.088 （0.27）	−3.626 （−0.19）
ROA	−71.069 （−0.40）	−41.790 （−0.23）	−88.700 （−0.51）	−106.062 （−0.57）	12.154 （0.28）	−90.900 （−0.45）
Cons	−1.2e+03** （−2.30）	−1.0e+03* （−1.67）	−1.3e+03*** （−3.00）	−535.247 （−0.68）	−603.228*** （−3.24）	−1.1e+03 （−1.31）
Random Effect	YES	YES	YES	YES	YES	YES
Wald chi	17.20*	25.97***	24.83***	46.81***	56.15***	69.76***
N	366	347	366	344	344	344
R^2	0.101	0.072	0.137	0.172	0.220	0.255

*、**和***分别表示系数在 0.1、0.05 和 0.01 水平上显著

注：①系数值下方括号内值为随机效应面板数据回归的 Z 值；②R^2 选择的是回归结果中的 between R^2；③RD-1 表示企业 R&D 投资滞后一期值

在侵权难度指标方面，即（4）列中，企业发明专利申请数为被解释变量，固定资产进入壁垒的系数不显著，而无形资产进入壁垒与企业发明专利申请数显著负相关。该结果表明，行业加权无形资产拥有量低，侵权难度下降，导致知识产权风险增加，促使企业加大发明专利的申请以寻求保护，而固定资产所生成的进入成本，并非直接与知识产权风险及其保护相关。职工薪酬进入壁垒

与企业发明专利申请数显著正相关，该结果与预期不符，原因可能是职工薪酬虽然形成进入壁垒，但是对于现存企业，职工薪酬越高越有利于激励职工积极开展创新研发工作，从而对企业发明专利申请数产生正向的作用。知识外溢程度与企业发明专利申请数显著正相关，表明由于知识外溢所产生的知识流动转移，如员工的流动，更能导致关键信息的泄露，所以需要采用发明专利的形式，界定关键信息、关键技术的所有权，来预防竞争企业采用外溢的知识进行模仿生产和进一步的创新生产，所以知识外溢程度越高，企业会更多地进行发明专利的申请。

在诉讼可能指标方面，行业国外发明专利申请比例与企业发明专利申请数显著正相关，表明企业为防范诉讼可能高的风险，避免陷入知识产权诉讼案件，而试图提高自身发明专利拥有量。行业发明专利申请总数与企业发明专利申请数显著为负，表明行业发明专利申请总数越低，行业内知识产权保护越薄弱，企业对知识产权制度的依赖性不高，因此不倾向于申请发明专利。

企业 R&D 投资的当期值与企业发明专利申请数显著正相关，而滞后一期的 R&D 投资的系数为正，但与企业发明专利申请数并不显著，这可能与滞后期较短有关（选择滞后两期所得到的结果也与此一致，但本书在数据允许范围内，滞后多期的检验无法进行），这表明企业的发明专利申请并非完全是成果决定的行为，而包含信号传递的因素，企业可能在当期加大 R&D 投资的同时，提高对以往研发成果的专利申请，形成积极创新的信号，激励员工及向外界传递正面信息。

在控制变量方面，相对于非国有上市公司，实际控制人为国有性质的上市公司更少地进行发明专利申请，表明非国有性质的上市公司更加寻求在国有力量之外的体制保护。总资产的系数显著为正，表明规模越大，专利申请量越多。CEO 薪酬、盈利能力则对专利申请行为不构成影响。

在（5）列中，以企业实用新型外观设计专利申请数为被解释变量，侵权难度指标中对其具有显著影响的因素只有无形资产进入壁垒，其系数在 10%的水平上显著负相关，表明行业加权无形资产拥有量低、侵权难度下降将导致知识产权风险增加，从而企业会加大实用新型专利和外观设计专利的申请以寻求保护。而知识外溢程度与企业实用新型外观设计专利申请数不显著相关，表明发明专利才能够有效防御知识外溢的风险，实用新型专利和外观设计专利对知识外溢的风险抵御作用有限。专利诉讼可能的指标中，国外专利申请比例与之显著正相关，表明来自国外企业的专利布局压力会提高企业各种专利申请的数量以防范法律诉讼的风险。

第（6）列以企业专利合计申请数作为被解释变量，所得结果与第（4）列发明专利申请数模型回归的结果一致。

4.4.5 小结

知识产权保护对于降低企业 R&D 投资的知识产权风险、保障企业创新收益、激励企业创新投入，能够发挥重要的作用。专利制度在知识产权保护体系中较为成熟、使用最为广泛，企业有倾向将创新成果申请专利以抵御被模仿、仿制的风险。因此，本章基于知识产权风险的衡量体系，运用样本为上市公司的专利检索数据，实证检验行业知识产权风险与企业专利行为的关系，并区分其对发明专利和其他类型专利申请的不同影响，解答企业是否应利用不同类型的专利申请来应对行业内所面临的知识产权风险的问题。

本章对上市公司专利申请与专利授权数据的描述性统计结果表明，中国上市公司三种专利申请数总体处于很低的水平，只有 25%的公司年均专利申请数大于 10 项，而且企业发明专利申请数在企业专利合计申请数中所占比例较小。一方面，这说明中国上市公司的自主创新能力欠缺、自主创新成果不足，对技术含量较高、新颖性较为充分的发明专利重视不足或技术能力欠缺；另一方面，也可能是中国知识产权保护不足的状况导致企业专利倾向低。此外，中国上市公司三种专利申请数存在显著的行业差异。通信及相关设备制造业和计算机及相关设备制造业的企业发明专利申请数最高，自主创新最为活跃，行业内企业发明专利申请意识和倾向最高。其次为电子制造业，通信服务业和计算机应用服务业，机械、设备、仪表制造业。在食品、饮料制造业，纺织、服装、皮毛制造业，造纸、印刷制造业，化学塑料制品业中，企业发明专利申请数较低。

本章回归分析的结果表明，行业知识产权风险的三个维度——侵权意愿、侵权难度和诉讼可能对不同类型的企业专利申请具有不同的影响。侵权意愿指标方面，产品市场特征、产品可替代性与企业发明专利申请数的关系并不显著，但产品可替代性与企业实用新型外观设计专利申请数显著负相关。表明企业对于由产品差异性低所导致的知识产权风险，更多地来自对产品型号与外观的模仿，因而企业并不采用发明专利的方式进行抵御，而更多地采用加大对实用新型专利和外观设计专利的申请。在侵权难度指标方面，固定资产进入壁垒只对实用新型和外观设计专利申请低显著相关；职工薪酬进入壁垒只对发明专利申请数有显著影响；而无形资产进入壁垒对各类型专利申请都显著负相关，表明企业倾向于通过各种类型的专利申请，以抵御行业加权无形资产拥有量低所导致知识产权风险的增加。职工薪酬虽然形成进入壁垒，但是对于现存企业，还具有激励员工积极开展创新研发工作、提高专利申请的作用。知识外溢程度只对企业发明专利具有显著的正向影响，表明由于知识外溢所产生的隐形知识流动转移，需要采用发明专利的形式来加以防御。

在诉讼可能指标方面，行业内国外发明专利申请高，促使企业提高自身发明专利拥有量以防范可能的诉讼风险。

本章的研究结论揭示了不同行业中企业专利行为的差异，以及企业如何通过不同类型的专利申请行为抵御和规避不同类型的知识产权风险。目前即使在中国较低的知识产权保护力度下，专利制度尤其是发明专利制度，对于防范知识产权风险、维护创新成果仍然能够发挥一定的作用，企业提高自主知识产权保护意识，鼓励员工的专利申请行为、提高专利倾向，对维护创新收益、鼓励后续创新仍具有重要的意义。

第5章　行业内部企业创新行为的策略互动性研究

行业之间市场结构的差异影响企业R&D投资与专利行为，行业内部的竞争态势也是企业R&D投资和专利行为的重要影响因素。企业自身的相应决策，与同一行业内部竞争对手企业、领导企业及跟随企业的投资行为和专利行为密切相关，甚至是步步跟进。企业进行R&D投资不仅要依据自身能力，而且对其他企业的竞争行为进行反馈互动也必不可少。尤其是企业的R&D投资，相对于其他投资具有较高的外部性，对其他企业造成外部性的效应，也会反作用于创新企业。专利竞赛理论应用不同类型的专利竞赛模型，探讨企业之间的技术竞争策略和R&D资源配置，这对分析行业内部企业之间的竞争对企业创新行为的影响具有重要意义。但该理论仍然缺乏相关的实证分析，针对中国市场的研究则更为匮乏。本章基于中国制度背景，运用中国资本市场上不同行业内上市公司的数据，分析不同行业内专利竞赛的类型、行业内企业之间的竞争程度对企业创新行为的影响，以及行业领导企业所发挥的作用。

5.1　理论分析

技术竞争在市场竞争中一直占据重要的地位，随着现代市场动态化的日益发展，消费者需求变化加快，产品更新换代周期缩短，技术竞争对于企业的生存发展更为关键。各行各业中企业都力争在技术竞争中占据一席之地，或保持已有竞争地位，这使得针对技术竞争战略和策略的研究重要性日益显现。Lerner（1997）认为，从20世纪70年代后期开始，经济学家们就用大量的“竞赛”模型来描述企业之间的技术竞争，这些模型描述了企业如何根据其技术地位的变化调整技术创新的倾向和力度。随着现代市场经济的日益发展，技术竞赛成为市场中必不可少的重要特征之一。与此同时，随着专利制度的建立与逐步完善，专利对于企业技术创新成果的保护日益加强，对于最先实现创新的企业，专利授予其对创新成果的独占权，保障创新企业相应垄断利润的实现，因此，专利成为技术竞赛的重要目标。以获取专利为目的的技术竞赛也被称为专利竞赛。

5.1.1　R&D投资的策略互动性

专利竞赛理论研究中一项基本假设为，“赢者通吃”（winner-take-all）博弈，即“优胜者获得所有收益的博弈”“成为第一是最重要，而不是落后于别人有多远”。在这种假设下，第一个发明成功者或第一个专利授权的获得者，才能最终胜出，并赚得相应的垄断利润；而其他的竞争企业，此时由于各项投入无法得到法律的保护，也将在商业化过程中落后于领先企业，而造成投入的浪费。专利权的获得、专利项目的选择与专利战略在专利竞赛中至关重要。在既定的专利保护力度下，企业在专利竞赛中的策略选择是其取胜的关键。在专利竞赛的进行过程中，不同企业必须实时地根据竞争地位的变化调整其 R&D 投资策略，只有这样才能战胜竞争对手成为赢者（Grossman and Shapiro，1987；Cockburn and Henderson，1994）。高山行和刘玲（1999）也认为专利竞赛具有策略相互作用性，即每个企业的创新收益，与其自身的竞争策略及投资行为有关，也受到竞争对手的竞争策略和投资行为的影响。

国外文献对专利竞赛中企业的策略研究，一般运用专利竞赛模型对每个竞争者的各阶段的策略进行分析，并检验其现实效果。专利竞赛模型主要分为四类：无记忆模型、绝对先占模型，ε-先占权模型和阶段性动态博弈模型。无记忆模型假设在研究开发中，一个企业在某时点上做出发明和获得专利的概率，仅取决于该企业目前的 R&D 费用，而与过去的研究开发经验无关（Lee and Wilde，1980；Reinganum，1981）。该假设并不现实，但它使问题的分析简单易行，形成了研究专利竞赛的框架。Dasgupta 和 Stiglitz（1980）修订了无记忆模型，认为企业可以通过先进入专利竞赛而获得先占优势，由于先占及保持持续投资可完成企业的 R&D 经验的积累。领先企业相对于其他企业，处于绝对领先地位，具有绝对先占优势的情况，称之为“绝对先占”。假设领先企业的先占优势较为微小，但只要领先，其都可以保持垄断，始终比对手抢先一步。他们形容的这种微弱领先的情况被称为“ε-先占”。基于 R&D 强度不变假设的ε-先占权模型，被称为固定强度ε-先占权模型，时间替代 R&D 积累量成为该模型考察的主要因素。该模型的结论表明，在 R&D 强度不变，即企业保持持续的 R&D 投资时，领先企业将保持优势直至最后赢得专利竞赛的胜利，后动企业无法通过“蛙跳”越过先动者。Fudenberg 等（1983）系统阐述了“ε-先占”的含义，他们认为企业 R&D 的竞争受到先动优势和经验效应的强烈限制，企业在单位时间内发明成功的概率，受制于在某一时点所积累的经验之和。但他们同时也指出了在ε-先占的情况下，追随企业可能通过“蛙跳”赶超领先企业，“蛙跳”会导致企业之间更为激烈的竞争。在这种分析模式下，他们建立了ε-先占权模型，ε-先占权模型将专利竞赛从单一阶段延伸至多阶段，考虑专利竞赛之中的动态性，为超越战略的存在提供了假设前提。

因此，其后的阶段性动态博弈模型，关注专利竞赛中的动态特征，依据不同的分类方法，建立二阶段、三阶段及多阶段的专利竞赛模型，探讨企业在不同阶段竞赛中的创新投资行为及可能结果。Fudenberg 等（1983）、Fudenberg 和 Tirole（1985）认为后动企业可能会以更高的概率，率先完成某一阶段的研究而达到暂时的领先，甚至成功实现“蛙跳”，战胜先动者。而这种更高的概率可能来自发明的随机性，即发明的成功概率并不一定与企业的 R&D 投资多少存在确定的关系，创新成功的技术不确定性较高；也可能来自信息的滞后，即后动企业的 R&D 活动取得了巨大进展而又保守了秘密，导致先动企业放松警惕，未能及时增加投资。Choi（1993）也认为在确定性市场条件下，技术差距的加大将对落后企业的 R&D 投资造成消极影响，而当市场条件不确定性加大时，领先企业的成功反而使得不确定性降低，提高落后企业的乐观程度，从而积极加大其 R&D 投资。因此可以推断，在技术不确定高、技术变化快并充满不确定性的行业中，如通信服务业、电子制造业中，后动企业通过自己的 R&D 投入实现“蛙跳”的概率较高，投资的激励和积极性更大。

Grossman 和 Shapiro（1987）的两阶段模型结论表明，当落后企业完成第一阶段并赶上领先企业时，落后企业与领先企业都将加大其自身的 R&D 投资水平，当两类企业均处于第二阶段时，投资水平均比第一阶段的投资水平高。该结论可引申为，当企业之间的技术差距或投资差距较小时，企业之间的 R&D 投资将呈现出正相关的关系。

在现实市场中，难以明确区分为某一项专利而展开的专利竞赛，Reinganum（1985）认为，企业的创新过程是连续不断的，每一次创新的成功都是暂时的，企业必须持续进行创新，才能不被其他竞争对手通过更高强度的创新投资和经验积累而赶超与胜出，因此，作为挑战者的价值大于作为垄断者的价值，企业倾向于压制当期的创新投资。这种连续时间的专利竞赛将竞赛的阶段性模糊化，在任一既定的时期内，市场上所有企业之间或者简化的两企业的所有创新项目的集合，都不再呈现出阶段性，这对于实证研究中难以明确区分界定专利竞赛的不同阶段的问题，具有重要的意义。

检验专利竞赛模型适用性与模型结论的实证研究，往往并不区分专利竞赛的阶段性，而只是在样本期间内，分析领先企业与落后企业、竞争企业之间创新投资行为的相互影响。Grabowski 和 Baxter（1973）发现在化学行业中，两大巨头之间会根据对方的 R&D 政策而快速调整自身的政策，而小企业之间的策略互动则并不明显。Meron 和 Richard（1991）发现美国的 28 个制造行业中，领先企业和跟随企业的 R&D 投资呈正相关的关系，但其他企业则会随着竞争企业创新投资增加而降低自身创新投资。Cockburn 和 Henderson（1994）对制药行业的专利竞赛行为进行了实证研究，运用制药行业的微观企业数据，实证检验竞争企业的投资水平、专利产出对企业自身投资水平和专利产出的影响，探讨竞争企业之间的策略互动性。其研究结果与理论模型并不十分一致，相对于竞争企业的 R&D 投资及产出的影响，企业的个体特征、调整成本、技术机会的变化对企业自身的 R&D 投资决策具有更大的影响。Lerner（1997）对磁盘驱动业的专利竞赛特征进行的实证研究，忽略了阶段性，考察企业如何根据其技术地位调整创新倾向，其结论支持了 Reinganum（1983，1985）的结论，即策略紧跟型企业（技术相对地位在 25%～49%的企业）更具有创新性，在位的领先企业创新动力则较小，因而紧跟型企业很可能会超越领先企业。但该结论在企业产品自用的情况下或者存在众多新进入企业的情况下并不成立。

上述实证研究都针对某一特定的行业，采用不同的方法确定领先企业、跟随企业及其他企业（如根据具体行业中具体企业来确定，或根据产品的先进程度来确定），因此对于专利竞赛模型的检验结论也不一致。不同行业具有不同的特征，不同行业在技术不确定、技术溢出程度、技术机会等方面存在显著差别，行业内是否存在领先企业与跟随企业，以及竞争企业的规模和竞争程度也各不相同，因此在分析这些行业特征的基础上，对不同行业内的专利竞赛特征进行区别和比较分析检验，对专利竞赛模型的适用条件、适用范围及模型假设和结论的理解，具有重要的意义。本书参考中国上市公司不同行业的数据，运用空间计量模型方法，对专利竞赛模型下企业之间 R&D 投资的策略互动性进行相应的实证分析。

5.1.2　专利信息的策略性披露

专利竞赛中企业的策略互动性，不仅表现为 R&D 投资之间的相互影响，作为企业 R&D 投资成果的专利信息的发布，也对竞争企业之间及领导企业与跟随企业之间的 R&D 投资决策发挥着重要的作用。

专利竞赛旨在获取专利，以及获得由于专利独占权而带来的垄断收益。在专利竞赛模型的假设中，专利的获得代表专利竞赛的终止，专利获得者获得垄断收益，而其他企业则退出专利竞赛。因此获得专利是参与竞赛企业的目标，但在目标实现之前，竞争企业可以通过研发信息（研发的重大突破、阶段性专利的获得等）的披露，向竞争企业发布信号，表明其优势地位以此威慑对手，或者通过向国家知识产权局等专利管理部门公开专利信息。专利信息包括专利申请、专利授权的信息。专利制度中，企业首先提出专利申请，通过初步审核后，将公开专利申请的详细信息，而专利授权的获得则表明企业获得专利权和法律保护的归属。企业提交专利申请，以使专利管理部门尽早获知该领域的技术进步情况及专利技术的归属，有利于后续专利的授权获得，同时阻止其他企业获得专利权。有些企业为达到同样的目的，甚至泄露虚假信息，如领先企业为打击技术落后企业，迫使其放弃“蛙跳”，或者某些技术落后的企业，为了打乱领先企业的投资策略，降低其 R&D 投资的速度与强度，加大自己“蛙跳”成功的可能性，这些方法都可能会泄露虚假信息，宣布自己获得重大突破和发明。

Reinganum（1983）认为，如果存在知识外溢，专利竞赛中企业成功的概率不仅依赖于自身通过 R&D 投资获得的知识积累量，也取决于从竞争对手处获得的信息量，不同的信息、不同的信息量将导致不同的企业策略。Baker 和 Mezzetti（2005）研究了研发专利竞赛过程中对信息的披露，信息披露形成溢出，但这种披露是一种竞争中的策略，对企业最终获得专利至关重要。Parchomovsky（2000）、Lichtman 等（2000）、Talia（2006）认为专利信息的这种策略性的披露，一方面，可能导致采取保密政策的竞争者通过信息吸收和学习而后来居上的风险；另一方面，也可能因为单方面延长专利竞赛周期，在占据优势的情况下获得专利竞赛的胜利。Hung 和 Negassi（2011）认为，专利申请是通过独立的第三方（国家知识产权局）公开发布专利信息，因此是企业提前宣布其技术成果与其领先优势，劝阻（dissuade）竞争对手的一种可信的方式。中国学者高山行等（2009）认为，企业在竞赛中的地位及企业的竞争与合作偏好，影响企业是否采取这次策略性的专利信息披露。赵小飞（2011）运用专利信号博弈模型来研究专利竞赛，认为在信息不完全的环境下，企业以研发成本为基础，通过获取更多数量的专利来向外部相关者发送信号，能够达到与其他类型的企业区分开来的分离均衡。少量的实证研究中，Hung 和 Negassi（2011）基于法国政府的一项企业调查数据，运用结构模型方法，对民用部门和军用部门分别进行实证研究发现，企业与竞争对手的 R&D 支出显著正相关，在同行业内企业之间相互竞争，以争取首先实现创新的成果，企业的专利能够有效地劝止竞争企业开展进一步的研发活动。该结论表明，专利在创新竞赛中发挥重要的作用，使得“赢者通吃”的预期激励作用得以发挥。

本书笔者认为，企业专利信息的披露，在更大程度上申明企业对创新成果和创新收益的可能独占权，其更可能受到专利制度的保护，并且专利信息的真实性也更具保障（在专利说明书中，申请人必须详细地对其所申请专利进行描述并阐明其新颖性，而如果提供虚假信息，专利所有者不但丧失专利权，还会面临巨额罚款和声誉损失，因此一般认为企业的专利信息是比较可靠的信息），这种更为真实、更具产权性质的专利信息披露，更可能发挥打击、阻止竞争企业或后动企业进一步开展研发投入。但不同的专利竞赛模型结论均受到技术过程性质的影响，而技术过程性质又受到研发成本、技术溢出程度、技术不确定等因素的影响（Hung and Negassi，2011），这些因素在不同的行业中具有不同的特征。因此，本书中同样基于中国上市公司不同行业的数据，以及专利竞赛模型下行业内部企业之间的专利信号对 R&D 投资的策略互动性进行相应的实证分析。

5.2　变量设计与研究模型

5.2.1　专利竞赛模型

在专利竞赛模型中，策略互动性主要表现为同行的竞争企业、领导企业与跟随企业之间创新行为的相互影响，相应的实证研究模型一般为以下类型：

$$\mathrm{RD}_i = f(\mathrm{RD}_{\mathrm{competior}} / \mathrm{Patent}_{\mathrm{competior}}, \mathrm{RD}_{\mathrm{leader}} / \mathrm{Patent}_{\mathrm{leader}}, \text{control variables}) \quad (5\text{-}1)$$

其中，RD_i 为某企业的 R&D 投资额；$\mathrm{RD}_{\mathrm{competior}}$ 为该企业的竞争企业的 R&D 投资额；$\mathrm{Patent}_{\mathrm{competior}}$ 为该企业的竞争企业的专利申请数；$\mathrm{RD}_{\mathrm{leader}}$ 为该企业所在行业的领导企业的 R&D 投资额；$\mathrm{Patent}_{\mathrm{leader}}$ 为该企业所在行业的领导企业的专利申请数；control variables 为控制变量。

因此，进行实证研究首先要确定竞争企业、领导企业与跟随企业。以往的实证研究中，较多的采用案例研究的方式确定研究对象，分析某一行业中的两家、三家或多家具体企业之间的 R&D 投资行为与专利行为，或者根据调查问卷的结果确定竞争企业和领导企业；或者直接将所用数据库中的其他企业都视为竞争企业（Cockburn and Henderson，1994）；或者用技术地位来表示竞争地位，确定竞争企业。这些方式受制于数据的可获得性，或者并未准确定义、描述竞争企业。在实证研究中，上市公司的公开数据是最易获得的数据类型，如何利用这些数据准确界定研究对象，是一个值得深入探讨的问题。

5.2.2　界定行业领导企业

行业领导企业的界定相对较为明确，即在行业中处于最高地位的企业，相关的评价指标包括企业规模、市场份额、技术水平等。本书采用四种指标确定行业领导企业，即市场份额、企业规模、营业收入、R&D 投资水平。由于本章考察企业之间的策略互动性，需要企业持续的 R&D 投资、专利行为的相关数据，所以在前一章的样本中，选取 2008～2010 年数据均完整的样本公司作为本章的样本（若包含 2007 年则样本量过少）。基于此样本和企业市场份额数据，不同行业中领导企业的界定结果，如表 5-1 所示，同时将本章的样本企业按照《财富》杂志所评选出的“2010 年中国 500 强分行业榜”进行排名，位于前列的企业与市场份额的界定结果也相符。由于 2008～2010 年的三年中，不同指标的界定结果基本一致，本章不再分年描述结果。

表 5-1　按市场份额界定行业领导企业

行业大类名称（代码）	企业	市场份额	排名	500 强分行业榜单排名	500 强总排名
化学塑料制品业（C4）	沈阳化工	0.0139	1	2	412
	氯碱化工	0.0137	2	1	382
	美达股份	0.0071	3	—	—
电子制造业（C5）	TCL 集团	0.1920	1	1	52
	四川长虹	0.1351	2	2	81
	超声电子	0.0110	3	—	—
金属、非金属制造业（C6）	南玻 A	0.0041	1	1	357
	云铝股份	0.0039	2	2	363
	包钢稀土	0.0019	3	—	—
机械、设备、仪表制造业（C7）	上汽集团	0.1291	1	1	17
	上海电气	0.0581	2	2	34
	中国南车	0.0353	3	3	49
医药、生物制品制造业（C8）	华润双鹤	0.0263	1	2	377
	东北制药	0.0247	2	1	374
	华北制药	0.0245	3	3	384
通信及相关设备制造业和计算机及相关设备制造业（G81、G83）	中兴通讯	0.2536	1	1	32
	中电广通	0.0178	2	—	—
	长城信息	0.0037	3	—	—
通信服务业和计算机应用服务业（G85、G87）	同方股份	0.0926	1	1	164
	国电南瑞	0.0068	2	—	—
	亿阳信通	0.0057	3	—	—

按照同样的程序，根据企业规模（包括企业总资产和市场份额）、营业收入和 R&D 投资水平界定的行业领导企业，如表 5-2 所示。由表 5-2 可知，按照企业总资产、市场份额、营业收入确定的行业领导企业的结论基本一致。在化学塑料制品业、电子制造业中，存在两家实力相当的领导企业；在机械、设备、仪表制造业，通信及相关设备制造业和计算机及相关设备制造业，通信服务业和计算机应用服务业中存在一家绝对领导企业；在金属、非金属制造业，医药、生物制品制造业中，几大企业之间不相上下，不存在明确的领导企业，企业之间呈现平等竞争的局面。按照 R&D 投资额确定的领导企业与前两个指标结果在部分行业中存在差异，排除企业选择性披露的可能（样本中所有企业均具备三年 R&D 投资数

据），表明 R&D 投资数据只代表企业的创新投资力度、投资倾向，不表明领导企业一定会最多地投资于 R&D 项目。本书在后文的专利竞赛特征分析及实证研究中，采用前三项指标确定的行业领导企业。

表 5-2　多重指标界定行业领导企业

行业大类名称（代码）	企业总资产	市场份额	营业收入	R&D 投资	领导企业类型
化学塑料制品业（C4）	沈阳化工 氯碱化工	沈阳化工 氯碱化工	氯碱化工 沈阳化工	皖维高新	双领导企业
电子制造业（C5）	TCL 集团 四川长虹	TCL 集团 四川长虹	TCL 集团 四川长虹	四川长虹	双领导企业
金属、非金属制造业（C6）	南玻 A	南玻 A	南玻 A	中材科技	无领导企业
机械、设备、仪表制造业（C7）	上海汽车	上汽集团	上汽集团	上汽集团	独家领导企业
医药、生物制品制造业（C8）	复星医药	华润双鹤 华北制药	华润双鹤 华北制药	复星医药 天士力	无领导企业
通信及相关设备制造业和计算机及相关设备制造业（G81、G83）	中兴通讯	中兴通讯	中兴通讯	中兴通讯	独家领导企业
通信服务业和计算机应用服务业（G85、G87）	同方股份	同方股份	同方股份	同方股份	独家领导企业

5.2.3　界定竞争企业

对竞争企业的界定，本书采用两种方法。一种是在描述性分析中根据总资产、市场份额的分位数，与某一企业处于同一四分位数阶段中的企业为竞争企业，所有竞争企业相关变量数据的加总为竞争企业的变量值。这一方法将 Cockburn 和 Henderson（1994）、Lerner（1997）中竞争企业汇总与技术地位分位数确定竞争企业的方法相结合，具有一定的合理性。但按照四分位数进行分段较为笼统与粗糙，而按照更细致的分位数进行分段又容易稀释企业之间的趋同行为，变量数据的加总也模糊了不同竞争企业之间可能存在的个体特征与个体行为。因此，本书采用第二种加权竞争距离的方法对竞争企业进行描述，以下予以详细讲述。

1. 空间权重矩阵与空间滞后模型

界定竞争企业加权竞争距离的方法，借鉴空间计量经济学中的空间权值矩阵概念。空间经济计量模型针对空间单元（不同地区或不同机构）之间可能存在的交互影响，从而导致 OLS 估计方法产生无效估计和不可靠统计推断的弊端，通过空间权重矩阵 W 对经典模型予以修正（Anselin，1988；吴玉鸣，

2006；吴梅等，2011；潘文卿，2012）。目前国内的文献中主要研究不同地区之间的交互影响，采用空间权重矩阵 W 刻画不同地区之间的相互关系。假设基本模型及数据结构如下：

$$y_t = \beta_1 x_{1t} + \beta_2 x_{2t} + \cdots + \varepsilon_t \tag{5-2}$$

$$y_t = \begin{bmatrix} y_{1t} \\ y_{2t} \\ \vdots \\ y_{Nt} \end{bmatrix}, \quad x_{1t} = \begin{bmatrix} x^1_{1t} \\ x^1_{2t} \\ \vdots \\ x^1_{Nt} \end{bmatrix}, \quad x_{2t} = \begin{bmatrix} x^2_{1t} \\ x^2_{2t} \\ \vdots \\ x^2_{Nt} \end{bmatrix}, \quad \varepsilon_t = \begin{bmatrix} \varepsilon_{1t} \\ \varepsilon_{2t} \\ \vdots \\ \varepsilon_{Nt} \end{bmatrix}$$

其中，y_t 表示第 t 期 N 个地区的被解释变量列向量；$x_{1t}, x_{2t}, \cdots$，表示第 t 期 N 个地区的解释变量列向量；ε_t 表示第 t 期的误差项。

若 y_t 在 N 个地区之间存在交互影响即空间依赖性，则需要引入空间权重矩阵 W_{Nt}，$W_{Nt} = I_T \otimes W_N$，是一个经过克罗内克积后的（$n \times t$）阶的分块方阵。其中，I_T 表示 t 维单位阵；W_N 表示 $N \times N$ 阶矩阵；W_N 矩阵中的对应的元素 $w_{i,j}$ 和 $w_{i,i}$ 表示不同地区之间的距离。

2000～2010 年的 W_{Nt} 矩阵如下：

$$W_{Nt} = \begin{bmatrix} W_{N,2000} & 0 & 0 & 0 \\ 0 & W_{N,2002} & 0 & 0 \\ 0 & 0 & & 0 \\ 0 & 0 & 0 & W_{N,2010} \end{bmatrix}$$

其中，2000 年的 W_N 矩阵表示如下：

$$W_{N,2000} = \begin{bmatrix} w_{1,1} & w_{1,2} & \cdots & w_{1,N} \\ w_{2,1} & w_{2,2} & \cdots & w_{2,N} \\ \vdots & \vdots & & \vdots \\ w_{N,1} & w_{N,2} & \cdots & w_{N,N} \end{bmatrix}, \quad t = 2000$$

$w_{i,i}$ 表示地区 i 与自身的距离，因此 $w_{i,i}$=0，而 $w_{i,j}$ 的取值一般分三种情况，最常用的为简单的地理权重，即不同地区如果地理上边界相邻，则 $w_{i,i}$=1，否则 $w_{i,i}$=0（吴玉鸣，2006；苏方林，2006；黄苹，2008；邓明和钱争鸣，2009）；或者通过采用不同地区之间地理距离之间的倒数表示，即 $w_{i,j} = \dfrac{1}{d_{i,j}}$（吴梅等，2011；符淼，2009），$d_{i,j}$ 表示不同地区之间的地理距离。但现实中并非地理边界相邻就完全意味着经济行为之间相互影响更大，因此一些学者提出了空间经济权重矩阵，以不

同地区间经济发展水平、技术吸收能力、人才流动等因素之间的距离作为 W_N 矩阵的对应元素，一般采用不同地区之间经济总产出 GDP、人均 GDP 或人均收入差的倒数表示（Case 等，1993；许箫笛等，2007；张征宇和朱平芳，2010），即 $d_{i,j}=\left|\mathrm{GDP}_i-\mathrm{GDP}_j\right|$。项歌德等（2011）采用地理距离与经济距离的加权矩阵作为空间权重矩阵，两者权重的取值通过实证分析的检验来确定。

确定空间权重矩阵 W_{Nt} 之后，将基本模型修正为：$y_t=\rho W_{Nt}y_t+\beta_1 x_{1t}+\beta_2 x_{2t}+\cdots+\varepsilon_t$，运用极大似然估计法（maximum likelihood estimate，MLE），参数 $\beta_1,\beta_2,\cdots$ 表示经过空间滞后模型估计修正之后，解释变量对被解释变量的影响；参数 ρ 表示相邻地区之间相互影响的方向和程度，如果 ρ 显著为正，表明被解释变量 y_t 在相邻地区之间存在显著的正向影响，如果 ρ 显著为负，则表明被解释变量 y_t 在相邻地区之间存在显著的负向影响。

2. 竞争距离权重矩阵

本书借鉴上述空间权重矩阵和空间滞后模型的概念与结构，将不同机构即行业内不同企业之间的竞争距离作为权重矩阵的元素 $w_{i,j}$，竞争距离越近，$w_{i,j}$ 值越大，表明企业之间的竞争关系越激烈，呈现为竞争企业的关系。竞争距离要体现企业之间的竞争程度，因此其指标的选取至关重要。传统文献中对行业竞争程度的衡量，较常采用的是 HHI 指数、前四位企业市场份额之和（CR4），其中 HHI 指数越大，表明产业聚集程度越大，行业内大企业的垄断性越强，市场竞争程度越小。两种指标都是企业市场份额的函数，$\mathrm{HHI}=\sum_1^N S_i^2, \mathrm{CR}_4=\sum_1^4 S_i$，其中，$S_i$ 表示企业的市场份额。产业聚集程度（产业集中程度）高，表明大型企业所占的市场份额高，随着市场份额的集中，大型企业会趋于相互勾结，通过内部协商控制市场价格，该价格会偏离完全竞争市场的市场价格，从而降低市场竞争程度。因此，市场份额是衡量市场竞争程度的基本因素。在行业内部，市场份额的高低也表明企业的行业地位和竞争能力，不同企业之间市场份额的差额则体现竞争能力的差距，该差额越小，表明企业之间的地位和竞争能力实力相当，则两者之间的竞争更为激烈，竞争程度更高。因此，本书将不同企业之间市场份额的差额作为权重矩阵中的竞争距离。由于企业规模（企业总资产）也在一定程度上反映企业的行业地位，如表 5-1 所示，在判断行业领导时，企业规模与市场份额得到一致的结论，所以本书中也将不同企业之间总资产的差额作为权重矩阵中竞争距离的指标之一。此外，本书还将企业 R&D 投资额、企业专利申请数的差额作为竞争距离的指标进行稳健性检验，其中 R&D 投资额的差距表现企业在创新投资方面的竞争，企业专利申请数的差额表现企业技术水平或创新成果之间的竞争。总体而言，本书中权重矩阵 W_{Nt} 的基本元素如下。

S_{it}、S_{jt} 分别表示企业 i、企业 j 在第 t 期的市场份额（或企业总资产、R&D 投资额、企业专利申请数）（$i \neq j$），$d_{ij,t}=\sqrt{\dfrac{(S_{it}-S_{jt})^2}{\sum_{1}^{N}(S_{it}-S_{jt})^2}}$，其中，$N$ 表示行业内所有企业的总数；$d_{ij,t}$ 表示衡量企业 i 与企业 j 之间的市场份额差距占企业 i 和行业内所有其他企业市场份额差距的比重。权重矩阵的基本元素 $w_{ij,t}=\dfrac{1-D_{ij,t}}{N-2}$，与市场份额差距比例呈负相关关系，该加权系数赋予市场份额差距小（$d_{ij,t}$ 小、$w_{ij,t}$ 大）的企业较大权重，表明企业之间的竞争关系激烈，呈现为竞争企业的关系，反之赋予市场份额差距大（$d_{ij,t}$ 大、$w_{ij,t}$ 小）的企业较小权重，将其与竞争企业区分开。因此本书中的竞争距离权重矩阵 W_{Nt} 为

$$W_{Nt}=\begin{bmatrix} W_{N,2008} & 0 & 0 \\ 0 & W_{N,2009} & 0 \\ 0 & 0 & W_{N,2010} \end{bmatrix},\quad W_{N,2008}=\begin{bmatrix} w_{1,1} & w_{1,2} & \cdots & w_{1,N} \\ w_{2,1} & w_{2,2} & \cdots & w_{2,N} \\ \vdots & \vdots & & \vdots \\ w_{N,1} & w_{N,2} & \cdots & w_{N,N} \end{bmatrix}_{(t=2008)}$$

5.2.4　基于竞争距离权重矩阵的空间滞后模型

本书中用竞争距离权重矩阵 W_{Nt} 对以下基本检验模型进行修正，得到检验模型如下：

$$\mathrm{RD}_i=f(\mathrm{RD}_{\mathrm{competior}}/\mathrm{Patent}_{\mathrm{competior}},\mathrm{RD}_{\mathrm{leader}}/\mathrm{Patent}_{\mathrm{leader}},\text{control variables}) \tag{5-3}$$

$$\mathrm{RD}_{it}=\rho W_{Nt}\mathrm{RD}_{it}+\partial \mathrm{LERD}_{it}+\beta \mathrm{X}_{it}+\cdots+\varepsilon_t \tag{5-4}$$

式（5-4）中，被解释变量 RD_{it} 表示企业的 R&D 投资额；解释变量 $W_{Nt}\mathrm{RD}_{it}$ 表示加权后的企业 R&D 投资额，为 $N\times1$ 阶列向量。将权重矩阵 W_{Nt} 对被解释变量，即企业 i 的 R&D 投资 RD_i 进行加权，与企业 i 竞争距离近的竞争企业的 R&D 投资额被赋予较大的权重，反之赋予较小的权重，因此变量 $W_{Nt}\mathrm{RD}_{it}$ 对被解释变量 RD_i 的回归系数 ρ，体现了企业 i 的竞争企业的 R&D 投资额对其自身 R&D 投资的影响，若该系数显著，则表明竞争企业之间存在 R&D 投资的策略互动性，$\rho>0$ 说明企业间 R&D 投入相互促进，反之则说明企业间 R&D 投资相互抑制。LERD_{it} 表示行业领导企业的 R&D 投资额，领导企业按照上文所述方法予以确定，每一

行业每一年的 $\mathrm{LERD}_{it}=\begin{bmatrix}0\\ \mathrm{RD}_{\mathrm{leader}}\\ \mathrm{RD}_{\mathrm{leader}}\\ \vdots\\ \mathrm{RD}_{\mathrm{leader}}\end{bmatrix}_{N\times 1}$，该变量的回归系数 ∂ 表示领导企业的 R&D 投资对企业 i 的 R&D 投资的影响，用于检验是存在示范效应还是观望效应。X_{it} 表示控制变量矩阵，依据以往的实证研究，包括企业自身的规模、营业收入、财务状况等，本书采用企业的年末总资产指标，包括反映企业盈利能力的总资产收益率指标与反映企业偿债能力的资产负债率指标。

对此模型的回归，由于自变量 $W_{Nt}\mathrm{RD}_{it}$ 与因变量 RD_{it} 之间的数量关系，需要用到 MLE，本书中运用 Matlab 软件进行相应的估计和参数检验。

$$\mathrm{LNRD}_{it}=\rho W_{Nt}\mathrm{Patent}_{i,t-1}+\partial \mathrm{LEPatent}_{i,t-1}+\beta X_{it}+\cdots+\varepsilon_t \tag{5-5}$$

式(5-5)中，被解释变量 LNRD_{it} 表示企业 R&D 投资额的自然对数；$W_{Nt}\mathrm{Patent}_{i,t-1}$ 表示加权后滞后一期的企业专利申请数，为 $N\times 1$ 阶列向量。采用滞后一期的企业专利申请数，是因为企业向专利管理部门提交专利申请后，需要等待专利管理部门的初步审核通过，才能将专利申请的详细信息予以公开并为竞争企业所知，而竞争企业获得专利信息，从而做出相应的 R&D 投资策略，也需要一定的反应时间，因此，信息滞后在专利信号的作用机制中是一个合理的假设。将权重矩阵 W_{Nt} 对被解释变量即企业 i 的企业专利申请数进行加权，与企业 i 竞争距离近的竞争企业的企业专利申请数被赋予较大的权重，反之赋予较小的权重，因此变量 $W_{Nt}\mathrm{Patent}_{i,t-1}$ 对被解释变量 RD_i 的回归系数 ρ，体现了企业 i 的竞争企业的专利申请数对其自身 R&D 投资的影响，若该系数显著，表明竞争企业之间存在策略性专利信息披露所导致的信号作用；若该系数为负，则策略性专利信息披露发挥打击阻止竞争企业进一步开展研发投入，从而延长专利竞赛，维持优势地位的作用；反之 $\rho>0$，表明专利信息的溢出效应大于威慑效应，进一步诱导竞争企业加大投入力度，提高了专利竞赛的竞争激烈程度。$\mathrm{LEPatent}_{i,t-1}$ 的系数 ∂ 表明领导企业的企业专利申请数为企业 R&D 投资的影响，用于检验是存在示范效应还是观望效应。

本书中运用 Stata 软件对此模型进行相应的估计和参数检验。

X_{it} 为控制变量矩阵，依据以往的实证研究，本书采用年末总资产（ASSET），取值为上市公司期末总资产的自然对数，控制企业的资产规模；账面市值比（MB），控制企业的市场规模；总资产收益率（ROA）和净利润（NETREVEN），控制企业的盈利能力；资产负债率（LEV），控制企业的偿债能力；企业实际控制人性质（STACON），控制国有企业的影响；CEO 年龄（CEOAGE）、CEO 薪酬（CEOPAY）、CEO 持股虚拟变量（CEOOWN），控制企业 CEO 的决策影响。

5.3 描述性统计

5.3.1 样本与数据来源

本章考察企业之间的策略互动性，需要企业持续的相关数据，因此在 4.3 节的样本公司中，选取 2008～2010 年数据均完整的样本公司作为本章的样本（剔除 2007 年的样本，是因为如果包含 2007 年样本公司，则 2007～2010 年四年的平衡样本数量过少）。对于式（5-4），选取三年持续的 R&D 数据，共 309 家平衡面板数据样本。对于式（5-5），由于引入了专利行为，在上述样本基础上，进一步剔除三年专利申请数均为零的公司，得到三年共 267 家平衡面板数据样本。

本章各变量的数据来源与 4.3 节一致。

5.3.2 模型变量的描述性统计

如表 5-3 所示，列示了式（5-4）中变量三年数据的描述性统计结果。从中可以看出，上市公司 R&D 投资的均值为 22 904.960 万元，但离散程度高，最小值与最大值也相距甚远，样本公司在 R&D 投资行为上存在非常大的差异，因此有必要对样本中的上市公司进行分组回归。后文在对样本公司 R&D 投资的分行业描述性统计中，各行业中标准差相对有所降低，由于分行业后样本量较小，受此限制本书中将不再继续进行分组检验［这也是本书在后文中对式（5-5）进行面板数据随机效应回归分析时对 R&D 投资取自然对数以使其更符合正态分布，也使其与专利申请数更为匹配的原因］。在控制变量中，样本公司的总资产收益率为 6.5%，资产负债率为 44.9%，年末总资产为 854 439.5 万元。

表 5-3 式（5-4）变量的描述性分析

项目	样本数	均值	中位数	标准差	最小值	最大值
RD	309	22 904.960	2 466.881	82 073.660	2.450	789 296.300
ROA	309	0.065	0.047	0.082	−0.114	1.006
LEV	309	0.449	0.463	0.184	0	0.878
ASSET	309	854 439.5	240 909	2 115 251	23 990.15	22 900 000

注：RD 为企业 R&D 投资额，单位为万元；ASSET 为年末总资产，单位为万元。在式（5-4）的 MLE 回归中，由于与 $W_{Nt}RD_{it}$ 匹配，因变量不采用 RD 的自然对数值

表 5-4 列示了式（5-5）中变量三年数据的描述性统计结果。从中可以看出，样本公司 R&D 投资的自然对数 LNRD 的标准差大大降低。自变量滞后一期的专利申请数 $PATENT_{t-1}$ 均值为 111 项，但中位数只有 14 项，表明企业专利申请数在样本上市公司中分布也较为不平衡。使用空间加权矩阵进行调整后的自变量分布将更为均衡。其他控制变量，样本公司中 2008～2010 年，总资产收益率为 6.8%；资产负债率为 44.8%；其中有 55.8%的样本公司实际控制人性质为国有性质；样本公司中 CEO 的平均年龄约为 46 岁；CEO 平均薪酬约为 57.3 万元，其中最高的 CEO 薪酬为 460 万元，还有 CEO 零薪酬的现象存在；有 43.4%的样本公司中 CEO 持有公司股权，表明股权激励在中国企业薪酬激励体系中尚未成为普遍现象。

表 5-4　式（5-5）变量的描述性分析

项目	样本数	均值	中位数	标准差	最小值	最大值
LNRD	267	17.108	17.065	1.954	10.106	22.789
$PATENT_{t-1}$	267	111	14	581	0	6 417
ROA	267	0.068	0.052	0.085	–0.114	1.006
LEV	267	0.448	0.463	0.183	0.030	0.878
CEOAGE	267	46	46	9	0	75
CEOPAY	267	573 031	396 600	625 333	0	4 600 000
CEOOWN	267	0.434	0	0.497	0	1
ASSET	267	21.749	21.678	1.271	19.539	26.156
STACON	267	0.558	1	0.498	0	1
NETREVEN	254	18.564	18.461	1.533	14.157	23.851
MB	267	0.559	0.529	0.277	0	1.846

注：LNRD 为 R&D 投资额的自然对数，单位为万元；PATENT 为专利申请数，单位为个；ROA 为总资产报酬率，单位为%；LEV 为资产负债率，单位为%；CEOAGE 为平均年龄，单位为岁；CEOPAY 为 CEO 平均薪酬，单位为万元；CEOOWN 和 STACON，是 0，1 变量，无单位；ASSET、NETREVEN 为取对数后的企业年总资产、净利润，单位为万元；MB 为账面市值比，单位为%

表 5-5 和表 5-6 分别列示了本章两个样本中 R&D 投资的分行业描述性统计数据，这两个表的结论类似。表 5-5 中机械、设备、仪表制造业中样本公司最多，为 114 家；通信及相关设备制造业和计算机及相关设备制造业中样本公司最少，为 15 家。在 R&D 投资额方面，通信及相关设备制造业和计算机及相关设备制造业虽然企业数量少，但投资力度最大，平均投资额为 124 120 万元；化学塑料制品业，金属、非金属制造业，医药、生物制品制造业的 R&D 投资力度则较小。

表 5-5　R&D 投资的分行业描述性分析（一）

行业大类名称（代码）	样本数	均值	中位数	标准差	最小值	最大值
化学塑料制品业（C4）	24	3 699	1 314	7 587	40	36 909
电子制造业（C5）	27	10 995	1 312	24 460	2	106 073
金属、非金属制造业（C6）	21	3 833	2 379	3 870	370	13 302
机械、设备、仪表制造业（C7）	114	38 081	3 640	87 031	35	471 939
医药、生物制品制造业（C8）	72	3 127	1 898	3 640	32	20 469
通信及相关设备制造业和计算机及相关设备制造业（G81、G83）	15	124 120	2 693	261 785	55	789 296
通信服务业和计算机应用服务业（G85、G87）	36	5 092	3 364	6 335	70	28 808
合计	309	22 905	2 467	82 074	2	789 296

注：本表统计中单位为万元

表 5-6　R&D 投资的分行业描述性分析（二）

行业大类名称（代码）	样本数	均值	中位数	标准差	最小值	最大值
化学塑料制品业（C4）	21	3 760	1 160	8 120	40	36 900
电子制造业（C5）	27	11 000	1 310	24 500	2	106 000
金属、非金属制造业（C6）	18	4 320	2 950	3 980	370	13 300
机械、设备、仪表制造业（C7）	93	38 100	3 640	91 200	35	472 000
医药、生物制品制造业（C8）	66	3 300	1 990	3 730	32	20 500
通信及相关设备制造业和计算机及相关设备制造业（G81、G83）	12	155 000	2 990	287 000	185	789 000
通信服务业和计算机应用服务业（G85、G87）	30	5 940	4 060	6 630	70	28 800
合计	267	23 400	2 580	86 100	2	789 000

注：本表统计中单位为万元

表 5-7 列示了样本公司专利申请数滞后一期的分行业描述性统计数据。通信及相关设备制造业和计算机及相关设备制造业中由于“中兴通讯”的贡献，企业专利申请数遥遥领先。其他行业的专利申请数则相差不大，电子制造业中专利申请倾向较大，专利申请数较多，均值为 110 项，专利申请在企业创新策略中得到了较高的重视；化学塑料制品业中企业专利申请数均值则只有 5 项，表明专利在企业的创新策略中重要性较低。

表 5-7　专利申请数滞后期的分行业描述性分析

行业大类名称（代码）	样本数	均值	中位数	标准差	最小值	最大值
化学塑料制品业（C4）	21	5	3	6	0	22

续表

行业大类名称（代码）	样本数	均值	中位数	标准差	最小值	最大值
电子制造业（C5）	27	110	12	156	1	427
金属、非金属制造业（C6）	18	25	18	26	3	105
机械、设备、仪表制造业（C7）	93	71	27	125	0	659
医药、生物制品制造业（C8）	66	21	11	25	0	113
通信及相关设备制造业和计算机及相关设备制造业（G81、G83）	12	53	12	91	0	362
通信服务业和计算机应用服务业（G85、G87）	30	1365	15	2476	0	6417
合计	267	111	14	581	0	6417

注：本表统计中单位为项

5.4　不同行业专利竞赛的描述分析

本书对不同行业中处于不同竞争地位的企业 R&D 投资与专利申请行为进行描述性统计，初步分析行业内专利竞赛的特征。由上文对各个行业领导企业分析可知，在化学塑料制品业、电子制造业中，存在两家实力相当的领导企业，并且该领导企业与其他企业在市场份额、企业规模、营业收入等方面差距小；在机械、设备、仪表制造业，通信及相关设备制造业和计算机及相关设备制造业，通信服务业和计算机应用服务业中存在一家绝对领导企业，行业中其他企业与领导企业在市场份额、企业规模、营业收入等方面有很大的差距；在金属、非金属制造业，医药、生物制品制造业中，几大企业之间不相上下，不存在明确的领导企业；以上几大行业呈现三种不同的行业内领导企业特征。根据专利竞赛理论中的描述，上述情况分别隶属于三种典型的专利竞赛，即绝对先占型专利竞赛、ε-先占型专利竞赛和无领导型专利竞赛。因此本书中分三种情况，选取样本公司数量相对较多的电子制造业，机械、设备、仪表制造业和医药、生物制品制造业分别进行描述性分析。

5.4.1　绝对先占型专利竞赛特征

机械、设备、仪表制造业中存在一家绝对领导企业，将其 R&D 投资与企业发明专利申请数作为行业领导企业序列。将每年的样本公司数量按照市场份额进行降序排序，位于市场份额前 25%分位数的企业（扣除领导企业）R&D 投资额的均值，作为跟随企业序列；位于市场份额 25%～75%分位数的企业 R&D 投资额的均值，作为中间企业序列；位于市场份额 75%分位数之后的企业 R&D 投资额的均值作为落后企业序列。处于不同竞争地位企业 R&D 投资额与企业发明专利申请数的描述性统计，见表 5-8 与图 5-1～图 5-3。

表 5-8　机械、设备、仪表制造业专利竞赛特征

Panel A R&D 投资/万元			
	2008 年	2009 年	2010 年
领导企业	291 122	195 142	377 924
跟随企业	3 658	10 983	10 575
中间企业	2 720	7 523	3 638
落后企业	1 894	3 669	4 543
Panel B　发明专利申请数/项			
	2008 年	2009 年	2010 年
领导企业	94	112	48
跟随企业	13	48	57
中间企业	8	11	7
落后企业	16	8	8

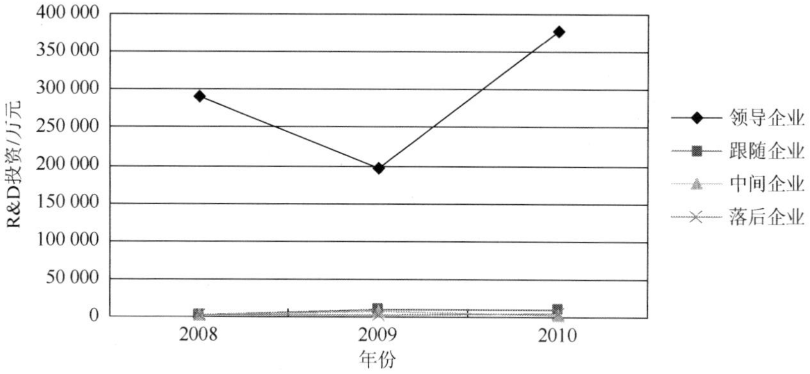

图 5-1　机械、设备、仪表制造业 R&D 投资分析

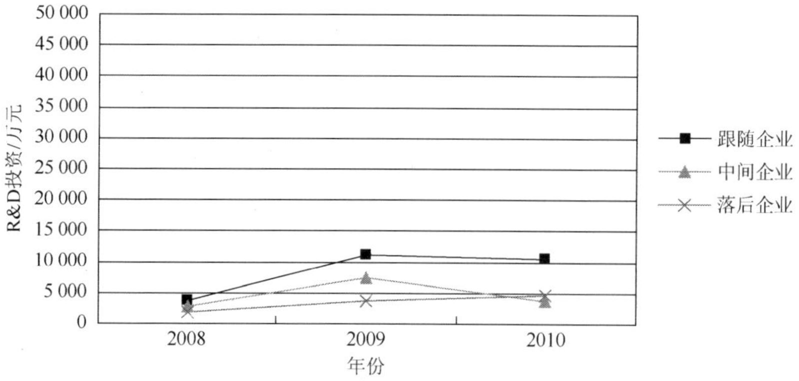

图 5-2　机械、设备、仪表制造业 R&D 投资分析（扣除领导企业）

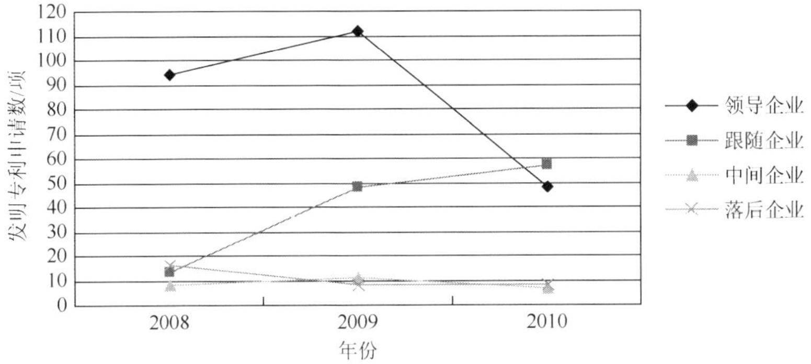

图 5-3　机械、设备、仪表制造业企业发明专利申请数分析

由表 5-8 与图 5-1 可知，机械、设备、仪表制造业的绝对领导企业的 R&D 投资额遥遥领先于其他企业，位于市场份额前 25%的跟随企业与领导企业之间存在较大的差距，比其后的中间企业和落后企业的 R&D 投资额略高，呈现出类似的 R&D 投资行为。因此在领导企业处于绝对先占的地位时，其他企业采取加大 R&D 投资实现“蛙跳”的可能性较小，其他企业 R&D 投资并不受到领导企业的 R&D 投资的影响。在企业发明专利申请数方面，虽然绝对领导企业仍然占据优势地位，但跟随企业与中间企业、落后企业也拉开距离，可能是跟随企业采取策略性专利申请行为威慑中间企业、落后企业，保持其跟随企业的市场地位。

5.4.2　ε-先占型专利竞赛特征

电子制造业中存在两家行业领导企业，将其 R&D 投资与企业发明专利申请数的均值作为行业领导企业序列。其他竞争地位的企业确定方法同机械、设备、仪表制造业相同。在电子制造业中，处于不同竞争地位的企业 R&D 投资额与企业发明专利申请数的描述性统计，见表 5-9、图 5-4 和图 5-5。

表 5-9　电子制造业专利竞赛特征

Panel A R&D 投资/万元			
	2008 年	2009 年	2010 年
领导企业	17 550	19 433	34 541
跟随企业	751	10 486	56 058
中间企业	1 291	1 664	2 858
落后企业	310	382	199

续表

Panel B 发明专利申请数/项			
	2008 年	2009 年	2010 年
领导企业	183	186	220
跟随企业	40	40	29
中间企业	2	5	4
落后企业	5	12	17

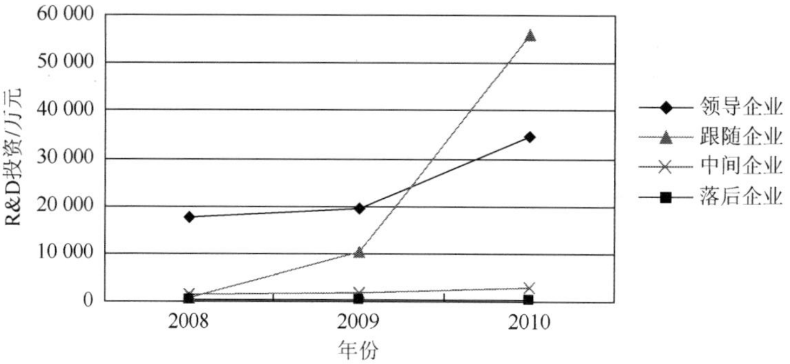

图 5-4　电子制造业 R&D 投资分析

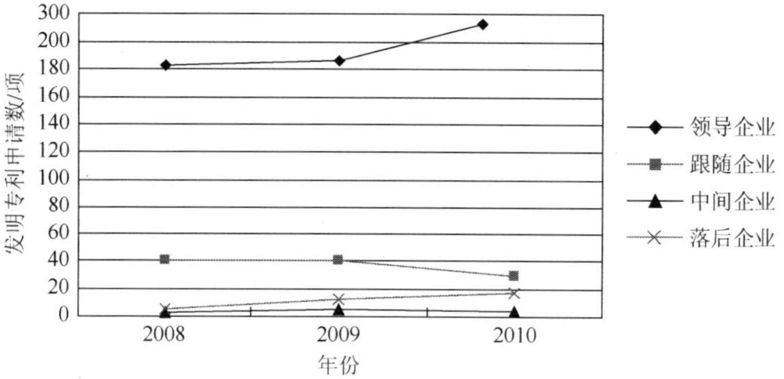

图 5-5　电子制造业企业发明专利申请数分析

如表 5-9 与图 5-4、图 5-5 所示，在 R&D 投资方面，电子制造业的领导企业与跟随企业差距较小，跟随企业在 2010 年甚至超过了领导企业，因此在领导企业处于微弱先占地位时，跟随企业采取加大 R&D 投资实现“蛙跳”的可能性较大，同时这也可能与电子制造业中技术更新速度快、技术不确定高，因此加大“蛙跳”的可能性有关。但此时跟随企业着力于开展 R&D 投资追赶领导企业，并未实行策略性专利申请行为，除领导企业之外，其他企业的企业发明专利申请数在2008～2010 年各年均处于较低的水平。

5.4.3　无领导型专利竞赛特征

如表 5-10 与图 5-6、图 5-7 所示，医药、生物制品制造业虽然不存在明显的领导企业，但市场份额越高即竞争地位越高的企业，其 R&D 投资与企业发明专利申请数也高于竞争地位较低的企业，各组之间呈正相关关系。企业发明专利申请数在 2010 年下降，可能是由于专利审核延迟的缘故。

表 5-10　医药、生物制品制造业专利竞赛特征

Panel A R&D 投资/万元			
	2008 年	2009 年	2010 年
领导企业	—	—	—
跟随企业	3430	5704	8876
中间企业	1065	2952	3027
落后企业	1691	1609	2123
Panel B 发明专利申请数/项			
	2008 年	2009 年	2010 年
领导企业	—	—	—
跟随企业	25	29	9
中间企业	8	8	6
落后企业	8	5	3

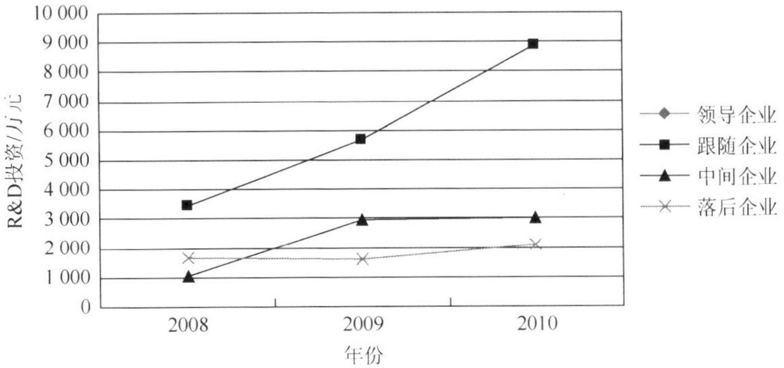

图 5-6　医药、生物制品制造业 R&D 投资分析

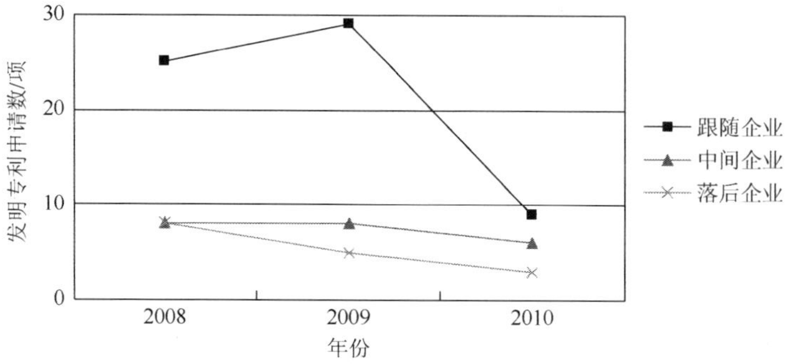

图 5-7　医药、生物制品制造业企业发明专利申请数分析

对三种典型的行业中专利竞赛的特征进行描述性分析发现：①当行业内存在绝对先占的一家领导企业时，跟随企业与其他类型企业较之领先企业存在较大的差距，实现“蛙跳”的可能性小、R&D 投资积极性低，其 R&D 投资与领导企业 R&D 投资的相关性也较小。但跟随企业为维持自身的竞争地位，较倾向于采取策略性专利申请行为，通过专利信息披露威慑中间企业与落后企业，降低其创新积极性。②当行业内并非独家领导企业，并且领导企业与跟随企业及其他类型企业之间差距较小，即行业中领导企业为微弱先占时，跟随企业将采取积极的 R&D 投资策略，试图实现反超或“蛙跳”。由于其目标在于反超领先企业，所以跟随企业并未采取针对中间企业与落后企业的策略性专利申请行为。③当行业内不存在明显的领导企业，竞争地位仍然体现了企业 R&D 投资与企业发明专利申请数的组间差异，并且各组之间的创新行为和专利行为正向相关，体现了竞争企业之间竞争互动的特征。

5.5　实 证 分 析

5.5.1　R&D 投资的策略互动性

5.4 节描述并分析了三种典型行业中专利竞赛的特征，初步阐述不同行业中，领导企业与其他企业尤其是跟随企业之间，以及竞争企业之间，R&D 投资和专利申请行为中不同类型的策略互动性，侧重于不同竞争地位的企业**组别**之间的关系，未能细致到个别企业之间的关系。本节采用竞争距离权重矩阵将竞争企业具体化，基于空间滞后模型回归方法进行实证分析，通过对模型的参数检验，进一步验证行业内竞争企业之间及与行业领导企业之间 R&D 投资和专利申请行为的策略互动性。

对于行业内企业之间 R&D 投资的策略互动性，本书中采用式（5-4）进行实证分析，实证结果见表 5-11。

$$\mathrm{RD}_{it} = \partial \mathrm{LERD}_{it} + \rho W_{Nt}\mathrm{RD}_{it} + \beta X_{it} + \cdots + \varepsilon_t \tag{5-4}$$

表 5-11　企业之间 R&D 投资策略互动性模型的回归结果

行业大类名称（代码）	化学塑料制品业（C4）	电子制造业（C5）	医药、生物制品制造业（C8）	金属、非金属制造业（C6）	机械、设备、仪表制造业（C7）	通信服务业和计算机应用服务业（G85、G87）
∂	0.218** （2.053）	0.377*** （3.996）			0.081 （1.343）	0.008 （0.136）
ρ	−0.849* （−1.805）	−0.999** （−2.275）	0.471*** （2.677）	−0.891* （−1.877）	−0.362 （−0.762）	0.366** （2.020）
ASSET	0.011* （1.741）	0.007** （3.498）	0.007*** （3.615）	0.001 （0.541）	0.015*** （6.317）	0.010*** （11.199）
ROA	1.027 （0.694）	−1.931 （−0.231）	−0.010 （−0.738）	0.030** （1.967）	5.386 （0.738）	0.048 （0.059）
LEV	−0.002 （−0.528）	−1.726 （−1.142）	−0.152 （−0.901）	0.010** （2.221）	−0.640 （−0.761）	−0.015 （−1.508）
N	24	27	72	21	114	36
R^2	0.087	0.329	0.256	0.118	0.327	0.826
log-likelihood	−457.287	−539.765	−1320.552	−385.599	−2445.151	−653.560

*、**和***分别表示系数在 0.1、0.05 和 0.01 水平上显著

注：①系数值下方括号内值为 MLE 回归的 T 值；②通信及相关设备制造业和计算机及相关设备制造业三年的平衡面板只有 12 家企业，因此不予分析

如表 5-11 所示，在化学塑料制品业和电子制造业中，领导企业 LERD_{it} 的系数 ∂ 显著为正，表明领导企业与其他企业之间差距较小，并未拥有足以使得其他企业“难以望其项背”的优势，仅为微弱先占时，领导企业的 R&D 投资对行业内其他企业发挥了激励作用，即其他企业倾向于跟随领先企业，试图实现对领先企业的赶超。竞争企业 R&D 投资额 $W_{Nt}\mathrm{RD}_{it}$ 的系数 ρ 显著为负，表明竞争地位接近、竞争更为激烈的企业之间存在显著的负向互动性，这可能是由于在化学塑料制品业和电子制造业中，知识溢出的程度较高（如第 4 章实证分析结果所示），竞争企业之间溢出效益大于竞争效应，所以在这两个行业内，企业倾向于等待竞争对手的信息溢出，在对手加大 R&D 投资时降低自身的投资力度，同时也可以保存实力以追随或赶超领先企业。该结果符合多阶段 ε-先占权模型的结论，即领先企业可能被跟随企业赶超，从而改变双方力量的对比，“蛙跳”也会适时发生，因此跟随企业将加大其 R&D 投资。

在金属、非金属制造业，医药、生物制品制造业无明确的领导企业，主要考察竞争企业之间的策略互动性。医药、生物制品制造业中竞争企业 R&D 投资额$W_{Nt}\mathrm{RD}_{it}$的系数ρ为 0.471，且通过 1%的显著性检验，表明竞争地位接近、竞争更为激烈的企业之间存在显著的正向互动性，R&D 投资额呈现相互追赶的趋势。在竞争更为充分的行业，企业之间 R&D 投资的竞争氛围更为突出。金属、非金属制品业中显著为负的系数，则表明企业的 R&D 投资呈相互观望的态势。

在机械、设备、仪表制造业，通信服务业和计算机应用服务业中，领导企业LERD_{it}的系数∂都不显著，表明领导企业处于绝对先占地位，与其他企业存在较大差距时，领导企业的 R&D 投资并不影响其他企业的投资策略，其他企业并不采取赶超策略与领导企业一争高下。该结论符合绝对先占模型的结论，即当一个企业具有远远超过竞争对手的优势，并能保持这种优势直到竞赛结束，则跟随企业会自动放弃竞争。在机械、设备、仪表制造业中，竞争企业 R&D 投资额$W_{Nt}\mathrm{RD}_{it}$并不显著，表明在该类行业中竞争企业之间的溢出效应大于竞争效应，企业倾向于等待竞争对手的创新信息的溢出，而非积极开展创新，或企业并不关注竞争对手的 R&D 投资，这可能与此两类行业中产品的更新换代较慢，对新技术的需求较弱有关。在产品日新月异、新技术层出不穷的通信服务业和计算机应用服务业，竞争企业 R&D 投资额$W_{Nt}\mathrm{RD}_{it}$的系数ρ为 0.366，且通过 1%的显著性检验，表明竞争地位接近、竞争更为激烈的企业之间存在显著的正向互动性。在技术需求高的此类行业中，虽然赶超领导企业的概率较小，但必须与竞争企业保持高度的相关性，在与竞争企业的竞赛中相互追赶，才不至于成为行业中的落后企业直至退出竞赛。

5.5.2 专利信息的策略性披露

对于行业内企业之间策略性专利信息披露的效应，本书中采用式（5-6）进行实证分析，分行业的实证结果见表 5-12。

$$\mathrm{LNRD}_{it} = \rho W_{Nt}\mathrm{Patent}_{i,t-1} + \partial\mathrm{LEPatent}_{i,t-1} + \beta X_{it} + \cdots + \varepsilon_t \tag{5-6}$$

表 5-12 企业 R&D 投资与专利信息披露模型的回归结果

LNRD	电子制造业（C5）	金属、非金属制造业（C6）	机械、设备、仪表制造业（C7）	医药、生物制品制造业（C8）	通信服务业和计算机应用服务业（G85、G87）
ρ	−0.049* （−1.96）	−0.190** （−2.55）	0.009 （0.30）	0.159** （2.09）	0.003** （2.38）
∂	0.006 （0.70）		0.001 （0.41）		0.000 （0.01）

续表

LNRD	电子制造业（C5）	金属、非金属制造业（C6）	机械、设备、仪表制造业（C7）	医药、生物制品制造业（C8）	通信服务业和计算机应用服务业（G85、G87）
ASSET	1.237 （0.88）	−0.282 （−0.55）	1.252*** （4.25）	1.821*** （3.41）	−1.498 （−1.24）
MB	2.289 （−1.21）	1.828* （1.82）	−1.011 （−0.99）	−5.909*** （−3.89）	−0.207 （−0.15）
CEOAGE	0.054 （0.63）	0.041 （0.97）	0.016 （0.81）	−0.017 （−0.80）	0.014 （0.39）
CEOPAY	−0.008 （−0.59）	−0.002 （−0.26）	−0.004 （−1.59）	0.007** （2.28）	0.004 （−0.00）
CEOOWN	−5.088*** （−3.28）	−1.888*** （−3.45）	−0.388 （−0.82）	0.416 （0.92）	1.334* （1.86）
ROA	35.974 （1.03）	4.848 （0.50）	2.246 （0.87）	−1.516 （−0.30）	−28.007 （−1.47）
LEV	14.368* （1.79）	3.684 （0.69）	0.844 （0.52）	−0.234 （−0.15）	−3.124 （−0.73）
STACON	−4.386*** （−3.24）	−0.114 （−0.19）	−0.274 （−0.47）	0.247 （0.54）	1.429** （2.07）
NETREVEN	−1.388 （−1.07）	0.523 （1.25）	−0.028 （−0.16）	−0.521 （−1.49）	2.740* （1.65）
_cons	14.776 （0.89）	14.275* （1.66）	−10.560** （−2.36）	−13.086* （−1.73）	−2.186 （−0.19）
N	26	18	85	65	30
Random Effect	YES	YES	YES	YES	YES
R^2	0.947	0.978	0.623	0.467	0.883
Wald chi	54.23***	33.20***	56.81***	40.54***	33.69***

*、**和***分别表示系数在 0.1、0.05 和 0.01 水平上显著

注：系数值下方括号内值为随机效应回归的 Z 值；由于剔除了三年专利数均为 0 的样本，化学塑料制品业，通信及相关设备制造业和计算机及相关设备制造业三年的平衡面板随机效应回归中包含样本过少，因此不予分析

如表 5-12 所示，电子制造业与金属、非金属制造业中，竞争企业专利申请数 $W_{Nt}\text{Patent}_{i,t-1}$ 的系数 ρ 显著为负，表明专利申请发挥了劝阻竞争企业开展持续 R&D 投资的作用，降低了竞争企业在专利竞赛中 R&D 投资的力度。具体而言，在电子制造业中，竞争企业增加一项专利申请，将导致企业的 R&D 投资额降低 4.9%；在金属、非金属制造业中，竞争企业增加一项专利申请，将导致企业的 R&D 投资额降低 19%。这意味着，在专利竞赛中，竞争企业之间通过增加专利申请，扩大与对手的差距，并通过专利信息的披露公开这种差距，以宣告其优势地位和在专利竞赛中获胜的可能性，威慑或迫使竞争对手降低 R&D 投资，甚至退出专利竞赛。

在通信服务业和计算机应用服务业及医药、生物制品制造业中，竞争企业专利申请数的系数 ρ 显著为正，表明在这些行业中，企业专利申请数的增加，非但没有发挥打击竞争企业 R&D 投资积极性的作用，反而促使竞争企业奋起直追，加大 R&D 投资力度，行业内竞争效应更为显著。具体而言，在通信服务业和计算机应用服务业中，竞争企业增加一项专利申请，将导致企业的 R&D 投资额增加 0.3%，出现与电子制造业与金属、非金属制造业相反的结论，可能是由以下原因导致：通信服务业和计算机应用服务业的主要业务与产品是为客户提供各种软件开发及信息服务，这些服务的内容广泛、形式多样、个性化强，并且新型服务层出不穷，产品的生命周期短暂[①]，因此即使企业对创新成果，如计算机程序和相关文档申请计算机软件著作权保护，也只表明企业在某一狭小的领域取得短暂的优势地位。随着新的业务范围的拓展，旧领域的软件著作权可能很快就无用武之地，取而代之是新的软件服务产品。此外，中国的《计算机软件保护条例》，自 2002 年 1 月 1 日起才开始施行，立法时间短、执法经验欠缺，加之通信网络等市场环境复杂、变化迅速，制度规范远远落后于市场实践，因此在通信服务业和计算机应用服务业中专利保护的力度也更为薄弱，专利权对企业优势地位的保障也更为困难，如类似的销售网站、社交网站、手机游戏、网络游戏大量涌现，但初创者均难以诉诸知识产权的保护。因此，基于通信服务业和计算机应用服务业中创新成果多元化及专利权保护的缺失，专利申请并未能够发挥宣告优势威慑竞争对手的作用。相反，业务的多样性，该行业中的创新随机性高，加大 R&D 投资成功概率加大，即使行业内存在领先企业或暂时处于优势的竞争对手，企业进行持续的 R&D 投资，仍然可能实现赶超，否则很可能由于缺乏持续性的创新而迅速落后于其他企业。竞争对手专利申请数的增加更多体现了警醒作用，激励而非劝阻企业开展更多的 R&D 投资，因此该行业中 $W_{Nt}\text{Patent}_{i,t-1}$ 的系数显著为正。

在医药、生物制品制造业中，$W_{Nt}\text{Patent}_{i,t-1}$ 的系数显著为正，为 0.159，表明竞争企业增加 1 项专利申请，将导致企业的 R&D 投资额增加 15.9%。这一颇高的正系数表明，该行业中由于没有明确的领导企业，企业之间的竞争地位较为接近，行业的竞争更为激烈，行业内你追我赶的竞赛氛围浓厚。同时这也与中国制药行业中仿制药生产的现状密切相关。医药行业研发新药，动辄需要十年左右的时间、上亿元的研发成本，中国药企在高成本、低回报的压力下，往往都放弃研发新药，而专注于仿制药的生产。仿制药是指效仿现有的创新品牌药，在药学指标和治疗

① 例如，安徽科大讯飞信息科技股份有限公司（002230），是一家专业从事智能语音及语言技术研究、软件及芯片产品开发、语音信息服务及电子政务系统集成的软件企业。浪潮软件（600756）致力于成为中国领先的云计算解决方案供应商，基于浪潮企业、行业、政务信息化软件、终端产品和解决方案，全面支撑企业云、行业云、政务云建设。

效果上与品牌药完全相同。就美国市场而言，仿制药是指已获得美国食品药品监督管理局（U.S. Food and Drug Administration，FDA）批准的新药的仿制品，通常是在新药的专利到期后，才被允许仿制。但在中国，仿制药一般是指创新药物的原研药企业之外的其他企业仿制该原研药而生产的药品，而不管该创新药物是否拥有专利保护。长期以来，中国一直是仿制药生产大国，20 世纪 90 年代，市场上仿制药已占到国内化学药品生产的 90%以上，而自主创新药物还不足 5%。根据中国国家食品药品监督管理总局的统计，2008 年共受理药品注册申请 3413 件，其中，批准新药生产申请 165 件，批准仿制药生产申请 1502 件，仿制药注册申请比重远高于新药，占主导地位。中国制药行业，呈现出原研药专利缺乏（本书样本中医药、生物制品制造业年均专利申请量仅为 14 项，电子制造业为 128 项），仿制药生产盛行的局面。因此在该行业内，竞争企业专利申请的增加，意味着仿制机会的来临，以及仿制生产相关的 R&D 投资增加。

在机械、设备、仪表制造业中，竞争企业专利申请数 $W_{Nt}\text{Patent}_{i,t-1}$ 的系数 ρ 为负，但并不显著，即该行业中企业之间并不关注对手专利申请行为，而在上节的实证分析中，该行业内企业对竞争企业 R&D 投资的关系也不显著，表明在机械、设备、仪表制造业中，企业之间各自为政的现象占主导，行业内的竞争态势并不是企业自身 R&D 投资的主要影响因素。这可能与该行业中产品多为耐用消费品，更新换代较慢、产品使用周期长，因此市场份额较为固定、竞争激烈程度相对较弱有关。也可能因为在该行业中，子行业分类之间差别较大（子行业分类包括普通机械制造业，专用设备制造业，交通运输设备制造业，电器机械及器材制造业，仪器仪表及文化、办公用机械制造业），本书中汇总分析之后导致差异平滑，回归结果不显著，但本书中在此采用这种二级行业分类，才能与其他行业分类如电子制造业相匹配，并且避免更细的分类后分组样本量过少的问题。

领导企业专利申请数 $\text{LEPatent}_{i,t-1}$ 的系数在所有研究的行业中都不显著，表明领导企业的专利申请行为并不对其他企业的 R&D 投资构成影响。在金属、非金属制造业，机械、设备、仪表制造业，通信服务业和计算机应用服务业中，可能由于领导企业与其他企业的差距较大，追随领导企业或依据领导企业的创新行为进行决策并不适合企业自身的投资能力与投资战略，所以相应的系数并不显著。在电子制造业中，虽然领导企业与其他企业之间的差距较小，但企业更倾向于关注竞争企业的专利申请行为，以及如上一节的实证结果所示，关注领导企业的 R&D 投资，而非其专利申请量，因为这些企业采取追随战略，试图赶超领导企业，并不会因为领导企业专利申请量的增加而退缩，但领导企业专利申请行为所产生的激励效应也弱于其 R&D 投资所产生的激励效应，因此在该行业中，领导企业专利申请数 $\text{LEPatent}_{i,t-1}$ 的系数 ∂ 也体现为不显著相关。

5.6 本章小结

本章基于专利竞赛理论，运用中国资本市场上不同行业内上市公司的数据及行业特征，分析不同行业内专利竞赛的类型、行业内企业之间的竞争程度对企业创新行为的影响，以及行业领导企业所发挥的作用。根据市场份额与企业规模指标界定行业领导企业，根据市场份额的分位数分段法界定跟随企业、中间企业与落后企业，对三种典型的行业中企业 R&D 投资行为之间的策略互动性，以及专利信号作用对企业 R&D 投资的影响，即专利竞赛特征进行描述性分析。在此基础上，基于空间权重矩阵概念，构造竞争程度权重矩阵，描述同行业内竞争企业，采用空间滞后模型的 MLE 回归方法对检验模型进行参数检验，实证结果表明在不同的行业中，存在三种典型的专利竞赛类型，表现为不同的企业 R&D 投资行为和专利行为的策略互动性。

在企业 R&D 投资的策略互动性方面，存在典型的三类专利竞赛的格局：化学塑料制品业和电子制造业中，专利竞赛特征表现为ε-先占权模型的结论，即领先企业的领先优势微弱，紧跟领先企业加大 R&D 投资，但该行业中竞争企业相互之间表现为观望态势，策略互动不显著；医药、生物制品制造业，金属、非金属制造业中，无明确领导企业，竞争更为激烈的企业之间存在显著的正向互动性，R&D 投资额呈现相互追赶的趋势；在机械、设备、仪表制造业，通信服务业和计算机应用服务业中，专利竞赛特征表现为绝对先占权模型的结论，领导企业处于绝对先占地位，追随企业会自动放弃与之竞争；但在竞争企业之间，金属、非金属制造业，机械、设备、仪表制造业中倾向于相互等待，而在通信服务业和计算机应用服务业中，竞争企业之间存在显著的正向互动性，企业的 R&D 投资与其竞争企业保持高度的相关性。

在企业专利申请和 R&D 投资行为之间的策略互动性研究方面，主要体现为竞争企业之间的专利信号作用，且具备两种相反的效应：在电子制造业与金属、非金属制造业中，竞争企业之间专利信号体现为威慑效应，专利信息的披露迫使竞争对手降低 R&D 投资，甚至退出专利竞赛；在通信服务业和计算机应用服务业中及医药、生物制品制造业中，竞争对手专利申请的信号作用，体现为激励企业追加 R&D 投资的效应，前者是产品多样性创新随机性及专利保护薄弱的原因所致，后者是中国仿制药生产的现状所致。

第 6 章　研究结论与展望

本章对全书进行归纳总结，分析研究中存在的不足之处，提出可能的后续研究方向。

6.1　主要研究结论

本书从市场结构差异及行业内不同企业之间的策略互动性视角，研究行业特征、知识产权风险与企业 R&D 投资之间的关系，从行业间与行业内部两种研究层面，分析中国上市公司 R&D 投资的行业影响因素。

首先，在理论研究部分，本书主要基于产业组织理论、外部性理论，分析代表产业特征的各市场结构因素如何通过影响企业间的知识外部性和创新风险，从而导致不同的企业 R&D 投资行为及专利行为的作用机制；其次，基于市场竞争理论与专利竞赛理论，分析不同产业中领导企业与跟随企业、竞争企业之间的策略互动性，以及专利竞赛的特征。

在经验研究部分，本书以中国上市公司 2007～2010 年的数据作为样本，从行业间的研究层面上，构建行业知识产权风险评价体系，综合评价不同行业中上市公司的知识产权风险，并实证检验行业知识产权风险对企业 R&D 投资和企业专利行为的影响；从行业内部层面上，在分行业描述性统计的基础上，实证检验在不同行业、不同类型的专利竞赛中，不同竞争地位的企业间 R&D 投资和专利行为的策略互动性及影响效果。研究发现以下内容。

（1）知识产权风险具有显著的行业差异。在中国，化学塑料制品业、电子制造业中产品差异小，产品的可替代性高，行业内侵权意愿较高；固定资产进入壁垒、无形资产进入壁垒均处于较低水平，侵权难度大；造纸及纸制品业、印刷业、化学塑料制品业、电子元器件制造业中国外发明专利申请比例较高，因此诉讼可能高；总体而言，化学塑料制品业、电子制造业在侵权意愿、侵权难度和诉讼可能方面均处于不利的地位，行业知识产权风险较为严重。

反之，在通信服务业和计算机应用服务业，医药、生物制品制造业中，产品的科技含量较高，产品的可替代性低，侵权意愿较低；金属、非金属制造业，通信服务业和计算机应用服务业，固定资产进入壁垒、无形资产进入壁垒较高，侵权难度大；医药制造业、计算机及相关设备制造业、通信服务业中，企业发明专利申请总数较多，知识产权法律风险有所降低；总体而言，通信服务业和计算机应用服务业，医药、生物制品制造业，金属、非金属制造业则相对面临较低的侵权意愿、较高的侵权难度和较低的诉讼可能，因此行业知识产权风险较低。

（2）行业知识产权风险对企业 R&D 投资具有显著的负面影响。产品的可替代性越低即行业侵权意愿越强烈，知识产权风险越高，越不利于企业开展持续的 R&D 投资；行业知识外溢程度越高，行业固定资产进入壁垒和无形资产进入壁垒越能够提高侵权难度，降低行业知识产权风险，因此越能够维护企业提高 R&D 投资的动机；行业内发明专利申请总数越高，知识产权法律对行业内专利权的保护越成熟，越有利于降低知识产权法律风险，激励企业开展 R&D 投资。

（3）中国上市公司的专利行为存在显著的行业差异。中国上市公司三种专利申请数总体处于很低的水平。通信及相关设备制造业和计算机设备制造业的发明专利申请数最高，行业内企业的专利申请意识和倾向最高，其次为电子制造业，通信服务业和计算机应用服务业，机械、设备、仪表制造业。企业的专利申请数较低的行业包括食品、饮料制造业，纺织、服装、皮毛制造业，造纸、印刷制造业，化学塑料制品业。

（4）企业采取不同类型的专利申请行为，应对不同类别的行业知识产权风险。针对产品市场特征、产品差异性所导致的行业知识产权风险，企业倾向于申请实用新型专利和外观设计专利予以应对，而不是申请发明专利；为抵御无形资产进入壁垒低所导致知识产权风险增加，企业倾向于申请各种类型的专利；而知识外溢风险所产生的隐形知识流动转移，企业采用申请发明专利的形式来加以防御；在诉讼可能的指标方面，行业内国外发明专利申请比例高，促使企业提高自身发明专利拥有量以防范可能的诉讼风险。

（5）中国上市公司所处的行业中，存在不同的专利竞赛类型，体现出相应的策略互动性，即企业的 R&D 投资决策受到同行业内竞争企业和领导企业 R&D 投资及专利申请行为的影响。

在呈现ε-先占权型专利竞赛特征的化学塑料制品业和电子制造业中，领先企业 R&D 投资的示范作用显著，发挥 R&D 外溢的激励作用，但竞争企业之间则只是互相观望，策略互动不明显；在呈现无领导型专利竞赛特征的金属、非金属制造业，医药、生物制品制造业中，竞争企业之间存在显著的正向互动性，R&D 投资额相互追赶；在呈现绝对先占型专利竞赛特征的机械、设备、仪表制造业，通信服务业和计算机应用服务业中，追随企业不采取措施追赶领先企业，而是加大与竞争企业之间的策略互动，企业的 R&D 投资与其竞争企业保持高度的相关性。

竞争企业的专利申请行为也影响企业的 R&D 投资策略，在不同的行业中体现为两种相反的效应：在电子制造业与金属、非金属制造业中，专利信号体现为威慑效应，迫使竞争企业降低 R&D 投资，甚至退出专利竞赛；在通信服务业和计算机应用服务业中，医药、生物制品制造业中，专利信号体现为激励效应，促使竞争企业追加 R&D 投资，提高竞争强度。

6.2 政策建议

针对本书的研究结论，本书从行业监管和企业风险管理的角度提出相关的政策建议。

（1）国家的产业创新政策和行业知识产权战略应该因地制宜，提高创新激励与行业监管的针对性。行业知识产权风险差异显著，风险来源互不相同。在风险严重的化学塑料制品业、电子制造业中，行业知识产权战略的进展落后，缺乏具体有效的政策和措施以降低行业中模仿所产生的负外部性。同时，这两个行业在近期的产业创新政策中，所得到的政策支持也远落后于新兴的能源、通信技术等行业，不利于提高行业内部的企业对于自主创新获益的信心。因此，对于知识产权风险严重的行业，应当从防御和激励两方面进行监管与支持，尽快制定相应的监管条款，打击仿制的低劣产品；制定严格的产品行业标准，提高产品的市场进入门槛；加大对自主创新产品的激励，并监督政府支持资金的使用；提高专利审核效率和审核要求，以提高企业的专利倾向和寻求知识产权保护的意识；缩短知识产权诉讼程序和时间，维护知识产权拥有者的权益，严惩知识产权的侵权犯罪企业。

（2）企业应针对所在行业中知识产权风险的来源，制定相应的风险管理对策。在产业差异性低的行业，模仿的意愿高于自主创新，此时企业应当不断寻求从同质产品中突围的方法，提高产品创新的速度和新产品发布的速度，抢占先机；或者提高本行业的市场进入壁垒，通过行业标准或普及的行业专利，维护现存的创新优势，防御模仿者的入侵；积极进行知识产权的自我保护，充分利用各种类型的知识产权，运用法律的武器对模仿者进行反击。

在市场壁垒低、知识外溢程度高的行业，侵权难度较低，此时企业应当在可负担的前提下，加强企业固定资产、无形资产的规模，发挥规模经济，降低创新成本，获得竞争中价格的优势；或提高职工的薪酬水平，降低员工流动率，从而降低企业的知识外溢，并且吸引人才，获取外部的知识溢出为己所用。

（3）企业应保持对外部市场环境的敏感度，关注行业内部领先企业、竞争企业的动态，适时进行信息预警。对于大多的非领先企业，领先企业在某个项目或方向的研发投资，往往预示着该行业未来产品的发展趋势，对于ε-先占型的领先企业，在其领先优势较为微弱的情况下，其他企业可以跟随投资，提高赶超的可能性，或继续缩短与领先企业的技术差距。而对于竞争企业，企业应明确现存和潜在的近距离竞争企业，密切关注其研发投资与专利申请的动向，分析研发外溢的可能性和可利用程度，以及对方的专利申请是否意味着企业自身相关研发项目的终结等，并以此建立相关的信息系统和预警机制。

6.3 研究局限

本书的研究局限性主要在于以下几个方面。

（1）本书理论部分的逻辑思路是运用外部性理论，分析行业特征对知识的正外部性大小、模仿的负外部性大小的影响，进而导致创新不足的程度不同，以及企业会采取不同的专利防御对策。外部性所导致的知识产权风险在理论推导中是一个中间因素，但在本书的实证研究中，将行业特征的各因素变量直接作为知识产权风险体系的子维度，具有一定的武断性，但按照行业知识产权风险的概念界定，也难以更好地从知识外溢风险来源和法律诉讼风险来源两方面，同时对其予以衡量。

（2）本书在行业知识产权风险与企业专利行为的理论分析中，将企业的专利申请数作为创新企业防御模仿所带来的负外部性的手段，进而得到本书的研究假设。此番逻辑推导隐含的一个前提是，专利申请确实能够发挥防御模仿负外部性的作用，而这一前提的成立还有待商榷。此外，本书也无法确保在实证检验中，企业主动的专利申请行为是否能够通过控制变量的加入而予以完全剔除。

（3）本书的研究样本是基于披露了 R&D 数据的上市公司，虽然新会计准则强制要求企业在资产负债表附注中披露内部研究开发项目的支出，但从上市公司的披露统计情况来看，从 2007 年开始实施新会计准则到 2010 年，披露 R&D 数据的上市公司逐年增加，表明信息披露的质量逐步上升，但也说明在 2007 年等新会计准则实施的初期，存在并未履行强制披露 R&D 信息的上市公司，本书数据的精确度受到影响。

此外，由于样本总体大小的局限性，本书在第 5 章进行分行业的投资策略互动性研究中，平衡面板样本在获取时只能删除 2007 年的样本，在实证分析中，由于行业样本数量的限制，也无法进行加入滞后期的实证检验和交互性的结构方程检验。

（4）本书对不同行业内专利竞赛的特征描述不够深入，由于对相关专业知识的认识不足，仅结合不同竞争地位企业的 R&D 投资额和专利数进行分析，未能结合具体行业中的专业技术特征、行业技术发展历程与趋势、产品终端市场的竞争态势进行深层次的探讨，所以对于不同类型专利竞赛的行业分类可能存在偏颇之处。

6.4　未来的研究方向

在本书的研究基础上，未来可以继续研究的方向有以下几个方面。

（1）知识产权风险损失的研究。本书是从知识产权风险的来源角度确定行业知识产权风险体系的各子维度，并对其进行衡量，但知识产权风险来源并不一定造成知识产权风险损失，因此，从知识产权风险对企业创新收益造成的损失角度来衡量其风险大小，可以是未来的一个研究方向。

（2）行业知识产权风险指标的研究。行业知识产权风险体系，从不同的角度描述不同行业中各种维度的风险大小，但难以对各行业中的总风险程度进行定量的综合评价，是否需要将行业知识产权风险衡量体系整合为一个风险指标，整合中的权重等因素的设置如何确定，是后续研究可以继续探索之处。

（3）管理者风险态度调节效应的研究。企业 R&D 投资受制于企业的内部与外部因素，外部风险也要通过管理者的风险态度作用于企业的投资决策，众多文献也认为管理者的风险态度会影响企业的 R&D 投资，因此可以进一步通过问卷调查等方式，研究管理者风险态度对行业知识产权风险的认识、评估、应对，从而影响企业 R&D 投资的作用机制。

（4）具体行业中专利竞赛特征的实证研究。本书实证分析了五大制造业与信息技术业中专利竞赛的简要特征，以及行业内部企业之间 R&D 投资和专利行为的策略互动性，但由于样本数据与技术背景的限制未能深入，后期如在通过调查或产业数据库，获取更多的细分行业（如按二级行业类别划分）的行业资料的基础上，进行单一行业中企业专利竞赛的适用前提、专利竞赛的阶段划分、策略互动性的影响因素、专利竞赛的结果或发展趋势研究，是很富有研究意义的课题。

参考文献

庇古 A C. 2007. 福利经济学. 金镝译. 北京：华夏出版社.

陈林，朱卫平. 2011. 创新、市场结构与行政进入壁垒——基于中国工业企业数据的熊彼特假说实证检验. 经济学，10（2）：653-674.

邓灵斌. 2009. 企业隐性知识转移中的知识产权风险及其规避研究. 科技进步与对策，（26）：135-138.

邓明，钱争鸣. 2009. 我国省际知识存量、知识生产与知识的空间溢出. 数量经济技术经济研究，（5）：42-52.

丁秀好，黄瑞华，任素宏.2009. 知识流动状态下自主创新的知识产权风险与防范研究. 科学学与科学技术管理，（9）：72-76.

段会娟. 2010. 知识溢出的测度方法综述. 科技进步与对策，27（5）：154-157.

樊纲，王小鲁，朱恒鹏. 2007. 中国市场化指数：各地区市场化相对进程 2006 年报告. 北京：经济科学出版社.

方海燕，达庆利. 2008. 存在研发投资溢出时的企业市场绩效分析. 中国管理科学，10（16）：556-560.

方明. 2004. 国际技术合作与转让中企业知识产权保护. 现代经济探讨，（6）：28-30.

符淼. 2009. 地理距离和技术外溢效应——对技术和经济集聚现象的空间计量学解释. 经济学季刊，（7）：1549-1566.

傅家骥. 1998. 技术创新学. 北京：清华大学出版社.

高山行，江旭. 2003. 专利竞赛理论中的 ε-先占权模型评述. 管理工程学报，17（3）：47-51.

高山行，刘玲. 1999. 专利竞赛理论评述. 经济学动态，（3）：68-71.

高山行，王钦，刘小花. 2009. 专利竞赛中的策略性技术溢出问题研究. 科学学与科学技术管理，（2）：45-50.

韩玉雄，李怀祖. 2005. 关于中国知识产权保护水平的定量分析. 科学学研究，（3）：377-382.

何英，黄瑞华. 2006. 论知识外部性引发的知识产权风险. 科学学研究，（5）：742-746.

黄苹. 2008. 中国省域 R&D 溢出与地区经济增长空间面板数据模型分析. 科学学研究，26（4）：749-753.

黄志启，房路生. 2009. 知识溢出效应研究述评. 首都经济贸易大学学报，（3）：102-107.

卡尔顿 D W，佩罗夫 V M. 2009. 现代产业组织. 胡汉辉，顾成彦，沈华译. 北京：中国人民大学出版社.

李具恒. 2007. 自主创新新解：“概念硬核”视角的集成. 科学学与科学技术管理，（7）：43-49.

李平，崔喜君，刘建. 2007. 中国自主创新中研发资本投入产出绩效分析——兼论人力资本和知识产权保护的影响. 中国社会科学，（2）：32-42.

李志伟. 2007. 溢出效应对企业 R&D 行为的影响研究. 厦门大学学报（哲学社会科学版），（3）：

55-62.
连玉君，刘醒云，苏治. 2011. 现金持有的行业特征：差异性与收敛性. 会计研究，（7）：66-72.
刘小青，陈向东. 2010. 专利活动对企业绩效的影响——中国电子信息百强实证研究. 科学学研究，28（1）：26-32.
楼慧心，樊丽淑. 2009. “草根经济”中的知识产权制度失灵现象及其探究. 自然辩证法通讯，（3）：45-52.
罗宾逊 Q. 2012. 不完全竞争经济学. 王翼龙译. 北京：华夏出版社.
罗大华，何为民. 2002. 犯罪心理学.杭州：浙江教育出版社.
马建堂. 1992. 市场结构与企业行为——国外产业组织理论的争论与进展. 经济研究参考，（1）：24-37.
马歇尔 A. 2005. 经济学原理. 廉运杰译. 长沙：湖南文艺出版社.
潘承烈. 2006. 自主创新何以要以企业为主体. 中国企业报，6.
潘文卿. 2012. 中国的区域关联与经济增长的空间溢出效应. 经济研究，（1）：54-65.
平新乔. 2001. 微观经济学十八讲. 北京：北京大学出版社：328.
沈国兵，刘佳. 2009. TRIPS 协定下中国知识产权保护水平和实际保护强度. 财贸经济，（11）：66-71.
沈满洪，何灵巧. 2002. 外部性的分类及外部性理论的演化. 浙江大学学报（人文社会科学版），32（1）：152-160.
盛洪. 2003a. 《社会成本问题》的问题. 现代制度经济学. 北京：北京大学出版社：11-12.
盛洪. 2003b. 生产性努力的增长——论近现代经济发展的一个原因. 现代制度经济学. 北京：北京大学出版社：228-242.
施蒂格勒 G J. 2006. 产业组织. 王永钦，薛锋译. 上海：上海三联书店.
史东辉. 2010. 产业组织学. 上海：格致出版社.
宋河发，穆荣平. 2006. 知识产权保护强度与我国自主创新能力建设研究. 科学学与科学技术管理，（3）：97-103.
苏方林. 2006. 中国省域 R&D 溢出的空间模式研究. 科学学研究，24（5）：696-701.
孙树垒. 2010. 单边溢出与双边溢出下企业 R&D 战略投资分析. 科技进步与对策，27（17）：99-102.
孙银生. 2008. 企业知识产权风险防范与控制. 江苏科技信息，（12）：24-27.
汪丁丁. 2003a. 再论制度创新的一般过程. 现代制度经济学. 北京：北京大学出版社：219-227.
汪丁丁. 2003b. 制度创新的一般理论.现代制度经济学. 北京：北京大学出版社：199-218.
王立平，孙韩，Li P. 2007. 知识外部性与知识溢出.科学经济社会，25（1）：39-42.
文芳. 2008. 中国上市公司 R&D 投资影响因素及其经济后果研究——基于中国资本市场的理论与经验研究. 暨南大学博士学位论文.
吴梅，龙志和，林光平. 2011. 产业结构对知识溢出效应的影响分析——来自广东工业产业的证据. 科研管理，（7）：18-24.
吴延兵. 2007. 企业规模、市场力量与创新：一个文献综述.经济研究，（5）：125-138.
吴玉鸣. 2006. 空间计量经济模型在省域研发与创新中的应用研究. 数量经济技术经济研究，（5）：74-85.
项歌德，朱平芳，张征宇.2011. 经济结构、R&D 投入及构成与 R&D 空间溢出效应. 科学学研究，(2)：206-214.

解维敏，唐清泉. 2008.知识产权保护提高了企业自主创新么?——来自中国上市公司的经验证据. 现代管理科学，7：33-35.

熊彼特 J A. 2009. 经济发展理论：财富创新的秘密. 杜贞旭，郑丽萍，刘昱岗译. 北京：中国商业出版社.

徐欣，唐清泉. 2010. R&D 活动、创新专利对企业价值的影响——来自中国上市公司的研究. 研究与发展管理，22 (4)：20-28.

徐瑄. 2003. 知识产权的正当性——兼论知识产权法中的对价与衡平. 中国社会科学，(4)：144-155.

徐瑄. 2009. 知识产权对价论的理论框架——知识产权法为人类共同知识活动激励机制提供激励条件. 南京大学法律评论，(1)：89-104.

许箫笛，王子龙，潭清美. 2007. 知识溢出效应测度的实证研究. 科研管理，(5)：76-86.

易先忠，张亚斌，刘智勇. 2007. 自主创新、国外模仿与后发国知识产权保护. 世界经济，(3)：31-40.

尤建新，陈震，邵鲁宁. 2011. 产业间 R&D 溢出对创新产出的动态效应研究——基于上海市大中型工业企业的实证研究. 科学学与科学技术管理，(4)：52-57.

张伯伦 A. 2009. 垄断竞争理论. 周文译. 北京：华夏出版社.

张克英，黄瑞华，任素宏. 2006.网络环境下知识转移中的知识产权风险及其产生原因研究.科研管理，(6)：97-102.

张征宇，朱平芳. 2010. 地方环境支出的实证研究. 经济研究，(5)：82-94.

赵维科. 2005. 犯罪原因的系统研究. 江西社会科学，1：195-199.

赵小飞. 2011. 专利竞赛与专利信号. 科学学研究，29 (1)：31-36.

周文光，黄瑞华. 2009. 企业自主创新中知识创造不同阶段的知识产权风险分析. 科学学研究，27 (6)：955-960.

邹薇. 2002. 知识产权保护的经济学分析. 世界经济，(2)：3-11.

Adam T，Dasgupta S，Titman S. 2007. Financial constraints，competition and hedging in industry equilibrium. The Journal of Finance，62：2445-2473.

Aghion P，Harris C，Howitt P，et al. 2001. Competition，imitation and growth with step-by-step innovation. Review of Economic Studies，(68)：467-492.

Aija L，Justin B. 2009. If you cannot block，you better run：small firms，cooperative innovation，and appropriation strategies. Research Policy，38 (9)：1478-1488.

Anselin L. 1988. Spatial Econometrics：Methods and Models. Dordrecht：Kluwer Academic.

Arora A，Ceccagnoli M，Cohen W M. 2007. Trading Knowledge：An Exploration of Patent Protection and other Determinants of Market Transactions in Technology and R&D. Cambridge：MIT Press，365-404.

Arrow K J. 1962. Economic welfare and allocation of resource for inventions. The Rate and Direction of Invention Activity. Princeton：Princeton University Rress：609-625.

Bain J S. 1968. Industrial Organization. 2nd ed. New York：Wiley.

Baker S，Mezzetti C. 2005. Disclosure as a strategy in the patent race. The Journal of Law and Economics，48 (1)：173-194.

Barker V V L, Mueller G C. 2002. CEO characteristics and firm R&D spending. Management Science, 48: 782-801.

Bergmann I, Butzke D, Walter L, et al. 2008. Evaluating the risk of patent infringement by means of semantic patent analysis: the case of DNA chips. R&D Management, 38 (5): 550-562.

Besanko D, Dranove R, Shanley M. 2000. Economics of Strategy. New York: Wiley.

Bessen J, Hunt R M. 2007. An empirical look at software patents. Journal of Economics and Management Strategy, 16 (1): 157-189.

Buchanan J M, Stubblebine W C. 1962. Externality. Economica, 29 (116): 371-384.

Bulut H, Moschini G C. 2006. Patents, trade secrets and the correlation among R&D projects. Economics Letters, 91 (1): 131-137.

Case A C, Rosen H S, Hines J R. 1993. Budget spillovers and fiscal policy interdependence: evidence from the states. Journal of Public Economics, 52: 285-307.

Chadha A, Oriani R. 2010. R&D market value under weak intellectual property rights protection: the case of India. Scientometrics, (82): 59-74.

Chen Y, Puttitanun T. 2004. Intellectual property rights and innovation in developing countries. Journal of Development Economics, (78): 474-493.

Child J. 1974. Managerial and organizational factors associated with company performance. Journal of Management Studies, 11: 13-27.

Choi J P. 1993. Dynamic R&D competition, research line diversity and intellectual property rights. Journal of Economics and Management Strategy, (2): 277-297.

Chu A C. 2009. Effects of blocking patents on R&D: a quantitative DGE analysis. Journal of Economic Growth, (14): 55-78.

Chu A C. 2010. Effects of patent length on R&D: a quantitative DGE analysis. Journal of Economics, 99 (2): 117-140.

Claessens S, Laeven L. 2003. Financial development, property rights and growth. The Journal of Finance, 58: 24-36.

Claude D, Alexis J. 1988. Cooperative and noncooperative R & D in duopoly with spillovers. The American Economic Review, 78 (5): 1133-1137.

Coase R H. 1960. The problem of social cost. The Journal of Law and Economics, 3: 1-44.

Cockburn I, Henderson R. 1994. Racing to invest? The dynamics of competition in ethical drug discovery. Journal of Economics and Management Strategy, 3 (3): 481-519.

Cohen W, Levin R. 1989. Innovation and market structure//Schmalensee R, Willig R. Handbook of Industrial Organization. Amsterdam: Elsevier Science B. V: 1059-1107.

Comanor W S, Wilson T A. 1967. Advertising market structure and performance. Review of Economics and Statistics, 49 (4): 423-440.

D' Aspremont C, Jacquemin A. 1988. Cooperative and noncooperative R&D in duopoly with spillovers. American Economic Review, 78 (5): 1133-1137.

Dasgupta P, Stiglitz J. 1980. Uncertainty, industrial and the speed of R&D. Bell Journal of Economics, 11 (1): 1-28.

Davidson C, Segerstrom P. 1998. R&D subsidies and economic growth. The Rand Journal of

Economics，29（3）：548-577.

Demsetz H. 1969. Information and efficiency：another viewpoint. The Journal of Law and Economics，（12）：1-22.

Demsetz R S，Strahan PE. 1997. Diversification，size，and risk at bank holding companies. Journal of Money Credit and Banking，29（3）：300-313.

Denicolo V. 1996. Patent races and optimal patent breadth and length. Journal of Industrial Economics，（44）：249-265.

Eeckhout J，Jovanovic B. 2002. Knowledge spillovers and inequality. American Economic Review，（92）：1290-1307.

Fudenberg D，Gilbert R，Stiglitz J，et al. 1983. Preemption，leapfrogging and competition in patent races. European Economic Review，22（1）：3-31.

Fudenberg D，Tirole J. 1985. Preemption and rent equalisation in the adoption of new technology. Review of Economic Studies，52（3）：383-401.

Gaetan de Rassenfosse，Bruno van Pottelsberghe de la Potterie. 2009. A policy insight into the R&D-patent relationship. Research Policy，38（5）：779-792.

Gilbert R，Newbery D. 1982. Preemptive patenting and the persistence of monopoly. American Economic Review，（72）：514-526.

Grabowski H G，Baxter N D. 1973. Rivalry in industrial research and development. Journal of Industrial Economics，21：209-235.

Green J R，Scotchmer S. 1995. On the division of profit in sequential innovation. Rand Journal of Economics，（26）：20-33.

Greenhalgh C，Rogers M. 2006. The value of innovation：the interaction of competition，R&D and IP. Research Policy，（35）：562-580.

Grossman G M，Shapiro C. 1987. Dynamic R&D competition. Economic Journal，（97）：372-387.

Grossman G，Helpman E. 1992. Innovation and Growth in the Global Economy. Cambridge：MIT Press.

Grullon G，Grinstein Y，Michaely R. 2008. Product market competition and agency conflicts：evidence from the Sarbanes Oxley Law. Working Paper，Available at SSRN.

Horng M S，Chang Y W，Lin Y. 2006. Legal liability risk enterprise R&D：the case of high tech industry in Taiwan. The Journal of American Academy of Business，9（2）：99-104.

Hu A G，Jefferson G H. 2009. A great wall of patents：what is behind China's recent patent explosion？Journal of Development Economics，（90）：57-68.

Hung T Y，Negassi S. 2011. Advantage in the management of research：firms technological races on innovation. Advances in Management，4（3）：26-39.

Jean O L，Mark S. 2004. Protecting intellectual property rights：are small firms handicapped？Law and Economy，47：45-74.

Jovanovic B，Rob R. 1989. The growth and diffusion of knowledge. Review of Economic Studies，56：548-577.

Kamien M L，Muller E，Zang I. 1992. Research joint ventures and R&D cartels. American Economic Review，82（5）：1293-1306.

Kamien M I，Schwartz N L. 1970. Market structure，elasticity of demand and incentive to invent. The Journal of Law and Economics，（13）：241-252.

Kamien M I，Schwartz N L. 1972. Timing of innovations under rivalry. Econometrica，（40）：43-60.

Kamien M I，Schwartz N L. 1974. Patent life and R&D rivalry. American Economic Review，（64）：183-187.

Kamien M I，Schwartz N L. 1975. Market structure and innovation：a survey. Journal of Economic Literature，13（1）：1-37.

Kamien M I，Schwartz N L. 1976. On the degree of rivalry for maximum innovative activity. Quarterly Journal of Economics，（90）：245-260.

Kamien M I，Schwartz N L. 1978a. Self-financing of an R&D project. American Economic Review，（68）：252-261.

Kamien M I，Schwartz N L. 1978b. Potential rivalry，monopoly profits and the pace of inventive activity. Review of Economic Studies，（45）：547-557.

Kamien M I，Schwartz N L. 1982. Market Structure and Innovation. Cambridge：Cambridge University Press.

Kanwar S. 2007. Business enterprise R&D，technological change，and intellectual property protection. Economics Letters，96（1）：120-126.

Karuna K. 2007. Industry product market competition and managerial incentives. Journal of Accounting and Economics，（43）：275-297.

Knott A M，Posen H E，Wu B. 2009. Spillover asymmetry and why it matters. Management Science，55（3）：373-388.

Knott A M，Posen H E. 2009. Firm R&D behavior and evolving technology in established industries. Organization Science，20（2）：352-367.

Kumar N. 1996. Intelletual property protection，market orientation and location of overseas R&D activities by multinational enterprise. World Development，24（4）：673-688.

Lee T，Wilde L L. 1980. Market structure and innovation：a reformulation. Quarterly Journal of Economics，（94）：429-436.

Lerner J，Zhu F. 2007. What is the impact of software patent shifts? Evidence from Lotus v. Borland. International Journal of Industrial Organization，25（3）：511-529.

Lerner J. 1997. An empirical exploration of a technology race. Rand Journal of Economics，28（2）：228-247.

Lev B，Sougiannis T. 1996. The capitalization，amortization，and value-relevance of R&D. Journal of Accounting and Economics，21（1）：107-138.

Levin R，Reiss P. 1988. Cost-reducing and demand-creating R&D with spillovers. Rand Journal of Economics，19（4）：538-556.

Lichtman D，Baker S，Kraus K. 2000. Strategic disclosure in the patent system. Vanderbilt Law Review，（53）：2175-2217.

Lin C，Lin P，Song F. 2010. Property rights protection and corporate R&D：evidence from China. Journal of Development Economics，93（1）：49-62.

Los B. 2000. The empirical performance of a new inter-industry technology spillover measure.

Technology and Knowledge，1-28.

Lucas R E. 1988. On the mechanics of economic development. Journal of Monetary Economics，(22)：3-42.

Mansfield E，Schwartz M，Wagner S. 1982. Imitation costs and patents：an empirical study. Economic Journal，(91)：907-918.

Mansfield E. 1968. Industrial Research and Technological Innovation. New York：Norton.

Meron A，Richard E C. 1991. Rivalry among firms in research and development outlays. Paper Presented at the 1991 UBC Summer IO Conference.

Nevo A. 2001. Measuring market power in the ready-to-eat cereal industry. Econometrica，69 (2)：307-342.

North D C. 1990. A transactions cost theory of politics. Journal of Theoretical Politics，2(4)：355-367.

Parchomovsky G. 2000. Publish or perish. Michigan Law Review，98 (4)：926-952.

Park W G，Ginarte J C. 1997. Intellectual property rights and economic growth. Contemporary Economic Policy，26 (3)：51-61.

Penin J. 2005. Patents versus ex post rewards：a new look. Research Policy，34 (5)：641-656.

Reinganum J F. 1981. Dynamic games of innovation. Journal of Economic Theory，25 (1)：21-41.

Reinganum J F. 1983. Uncertain innovation and the persistence of monopoly. American Economic Review，(9)：741-748.

Reinganum J F. 1985. Innovation and industry evolution. Quarterly Journal of Economics，(100)：81-99.

Romer D 2001. Advanced Macroeconomics. 2nd ed. New York：The McGraw-Hill Companies Inc：37-41.

Romer P M. 1986. Increasing returns and long-run growth. Journal of Political Economy，(94)：1002-1037.

Ronald E S. 1978. Market structure and innovation：a new perspective. The Journal of Industrial Economics，26 (4)：329-347.

Rosenberg J B. 1976. Research and market share：a reappraisal of the schumpeter hypothesis. Journal of Industrial Economics，25 (2)：101-112.

Sakakibara M，Branstetter L. 2001. Do stronger patents induce more innovation? Evidence from the 1988 Japanese patent law reforms. Rand Journal of Economics，32 (1)：77-100.

Schumpeter J A. 1942. Capitalism，Socialism and Democracy. New York：Harper and Row.

Scotchmer S. 1996. Protecting early innovators：should second-generation products be patentable? Rand Journal of Economics，27 (2)：322-331.

Scott J T. 1984. Firm versus industry variability in R&D intensity//Griliches Z. R&D，Patents and Productivity. Chicago：University of Chicago Press.

Sidgwick H.1883. The Principles of Political Economy. London and New York：Macmillan Co.

Spence A M.1984. Cost reduction，competition and industrial performance. Econometrica，52：101-121.

Subodh K. 2002. Market concentration，firm size and innovative activity：a firm-level economic analysis of selected Indian industries under economic liberalization. WIDER，Discussion Paper，

No.108.

Talia B. 2006. Defensive publications in an R&D race. Journal of Economics & Management Strategy，15（1）：229-254.

Teece D J. 1987. The Competitive Challenge：Strategies for Industrial Innovation and Renewal. Cambridge：Ballinger.

Trebilcock M J，Howse R.1995. The Regulation of International Trade. London：Routledge.

Yueh L. 2009. Patent laws and innovation in China. International Review of Law and Economics.（29）：304-313.

Zhao M Y. 2006. Conducing R&D in countries with weak intellectual property rights protection. Management Science，52（8）：1185-1199.